AUTOMOBILI
LAMBORGHINI

TEXT VON
SIMONLUCA PINI

automobili Lamborghini

VERGANGENHEIT, GEGENWART, ZUKUNFT

INHALT

AUTOMOBILI
LAMBORGHINI

VORWORT

Lamborghini steht seit jeher für Innovation, avantgardistisches Design und kompromisslose Leidenschaft. Dieses Buch feiert unsere Liebe zum Außergewöhnlichen und ist weit mehr als ein einfaches Jahrbuch: eine interaktive Reise in das Lamborghini-Universum, bereichert durch exklusive Inhalte, die über einen QR-Code zugänglich sind.

Wir zeichnen hier die Geschichte der Marke von ihrer Gründung bis heute nach und erzählen sie durch die Stimmen derer, die zu ihrem Mythos beigetragen haben: Ingenieure, Designer, Manager und all die Menschen, die Lamborghini mit Hingabe und Talent zu einer weltweiten Ikone gemacht haben.

Simonluca Pini, ein in der Automobilwelt anerkannter Journalist und wahrer Enthusiast, hat die meisten in diesem Buch beschriebenen Autos persönlich getestet und verleiht dieser Geschichte durch seine Sichtweise eine authentische und fesselnde Note, die dem Leser das Gefühl vermittelt, selbst einen Lamborghini zu erleben.

Ich lade Sie ein, in dieses einzigartige Erlebnis einzutauchen und nicht nur unsere außergewöhnliche Vergangenheit, sondern auch die aufregende Zukunft zu entdecken, die noch vor uns liegt.

Viel Freude beim Lesen!

Stephan Winkelmann

WARUM NOCH EIN BUCH ÜBER LAMBORGHINI?

VON SIMONLUCA PINI

Über Lamborghini gibt es viele Bücher, von den Anfängen bis zu den jüngsten Ereignissen. Was noch fehlte, war ein Buch, das die Marke Jahr für Jahr beschreibt, mit bisher unveröffentlichten Illustrationen und persönlichen Kommentaren derjenigen, die bei den wichtigsten Entwicklungsschritten dabei waren. Der Autor hat einige der beschriebenen Modelle selbst gefahren, sowohl auf der Straße als auch auf der Rennstrecke. Für einige Modelle gibt es einen QR-Code fürs Smartphone. Er führt zu exklusiven Videoinhalten, die uns in den Innenraum eines Lamborghini versetzen. Und für den, der sich für die Klänge aus Sant'Agata Bolognese begeistern kann, ist auch der unvergleichliche Lamborghini-Sound zu hören.

Die Palette der vorgestellten Modelle reicht von den Ikonen der Vergangenheit – wie dem legendären Miura, von dem auch Konstruktionszeichnungen gezeigt werden – bis zum Temerario mit seinem neuen V8-Biturbo-Plug-in-Hybridmotor. Das Buch verbindet die Schönheit der Abbildungen mit einer Schilderung der Ereignisse, die das 1963 von Ferruccio Lamborghini gegründete Unternehmen begleitet haben. Dazu gibt es Berichte von Zeitzeugen, die bei den historischen Veränderungen dabei waren und die Hintergründe kennen, wie im Fall der Übernahme des gesamten emilianischen Unternehmens durch Audi im Jahr 1998. Der Stil der Fahrzeuge erhält mit den Originalskizzen von Mitja Borkert, seit 2016 Chefdesigner von Lamborghini, und den Geheimnissen des neuen V8-Biturbo-Plug-in-Hybridmotors, die Chief Technical Officer Rouven Mohr enthüllt, viel Raum. Auch ein Kapitel über die Squadra Corse, den Rennstall von Lamborghini, durfte nicht fehlen, die in den gerade mal zehn Jahren ihrer Existenz bereits eine lange Reihe von Siegen eingefahren und mit dem SC63 an den prestigeträchtigen 24 Stunden von Le Mans teilgenommen hat.

Außer der Vergangenheit und Gegenwart wird auch der Zukunft viel Aufmerksamkeit gewidmet – von der Analyse des Konzeptwagens Lanzador, der auf das vollständig elektrische, für 2028 erwartete Modell der Zukunft vorausweist, bis hin zur Agenda Direzione Cor Tauri nebst einem Exklusiv-Interview mit dem Präsidenten Stephan Winkelmann. Das Ganze verbindet ein gemeinsamer Nenner: Leidenschaft für Lamborghini und die Autos, die seit über 60 Jahren die Werktore von Sant'Agata Bolognese verlassen.

VON DER GEBURT BIS ZUM ABSCHIED VON FERRUCCIO LAMBORGHINI

1963/1972

AUTOMOBILI
LAMBORGHINI

FERRUCCIO LAMBORGHINI: MEHR ALS DIE LEGENDE VOM DUELL MIT FERRARI

28. April 1916. Der Mythos Lamborghini wird geboren. Nicht der um die Autos, sondern Ferruccio Lamborghini kommt zur Welt. Der Sohn eines Bauern wirkte in mehreren Bereichen revolutionär, nicht nur dem der Automobile. Geboren in Renazzo in der Provinz Ferrara, begeisterte er sich schon als Jugendlicher für Technik und Motoren. Nach der Militärzeit, die er als Fahrzeugwart beim 50º Autoreparto misto auf der griechischen Insel Rhodos verbrachte, wusste er alles über Dieselmotoren. Zurück in Italien, eröffnete er 1946 in Cento bei Ferrara seine erste eigene Werkstatt. Ein Jahr später wusste er, was in dieser Gegend wirklich gebraucht wurde, und er stellte den ersten Traktor der Marke Lamborghini her, den er „Carioca" nannte. Von einem Exemplar pro Woche hatte er seine Jahresproduktion schon 1950 auf 200 Stück gesteigert. Der Unternehmer Ferruccio Lamborghini gründete ein neues Werk in Cento, während die Verkaufszahlen seiner Traktoren durch die Decke gingen. In seinem Unternehmen „La Lamborghini Bruciatori e Condizionatori" baute er nicht mehr nur Traktoren, sondern auch Brenner und Klimageräte. Das Geheimnis? Zum einen der Wirtschaftsboom der italienischen Nachkriegszeit, vor allem aber Ferruccios Persönlichkeit. Er war der perfekte „Selfmademan", jemand, der Chancen witterte und ein gutes Händchen bei der Auswahl von Mitarbeitern hatte, der beste Verkäufer in eigener Sache. Seine Erfolge in der Welt der Nutzfahrzeuge, seine Leidenschaft für Geschwindigkeit und die Vervollkommnung von Autos: Sie waren der Keim, aus dem 1963 das Unternehmen Lamborghini entstand, wie wir es heute kennen. Der Legende nach begann alles damit, dass Ferruccio unzufrieden war mit der Mechanik der Wagen aus Maranello und Enzo Ferrari herausforderte. Sicher ist, dass der Name Lamborghini in der Folge weltweit zum Synonym für Geschwindigkeit, Eleganz und italienisches Qualitätsdesign geworden ist.

LAMBORGHINI

DIE ANFÄNGE DES UNTERNEHMENS LAMBORGHINI

„Mit Autos verdient man mehr als mit Traktoren." Dieser Ausspruch von Ferruccio Lamborghini bringt am besten auf den Punkt, wie das Unternehmen, das wir heute kennen, entstand. Mitte 1962 hatte er den Mitarbeitern der Traktor- und Verbrennerproduktion sein Automobilvorhaben angekündigt und leise Skepsis geerntet. Schon im Herbst 1963 war das neue Werk auf dem in Sant'Agata Bolognese gekauften Gelände fertig. Das Dörfchen in der Provinz Bologna, nur 16 Kilometer von Maranello und 25 Kilometer von Modena entfernt, ahnte nicht, dass es zu einem Kultort für Motorbegeisterte werden sollte. Die Wahl war nicht zufällig auf diese Gegend gefallen: Ferruccio wusste, dass es hier Techniker und qualifiziertes Personal gab, die bei Ferrari und Maserati gearbeitet hatten und noch arbeiteten. Und er holte sich das Beste, was der Markt zu bieten hatte, von der Konkurrenz: Er erkannte die menschlichen und beruflichen Qualitäten seiner Gesprächspartner auf den ersten Blick. Laut einem Artikel in der Zeitschrift *Ruoteclassiche* von 1993 beruhte seine gängige Einstellungspraxis auf einem so einfachen wie wirksamen Konzept: „Ich nahm einfach die besten Männer der anderen Unternehmen. Ich bin der erste Japaner der Geschichte, ich erfinde nichts, sondern starte an dem Punkt, den andere erreicht haben. Im ersten Auto will ich einen 12-Zylinder-Motor, weil der Motor von Ferrari

der beste ist. Man muss nur die Form der Zylinderköpfe ändern, die nur eine Nockenwelle haben. Die richtigsten sind die von Alfa Romeo mit zwei Nockenwellen; schon hat man einen hervorragenden Motor." Das Ganze wird drei Ingenieuren anvertraut: dem 36-jährigen Giotto Bizzarini aus Livorno, der vier Jahre lang für Ferrari Modelle wie den 250 GT 2+2 und den GTO entwickelt hatte, dem 24 Jahre jungen Paolo Dallara, Konstrukteur erst bei Ferrari, dann bei Maserati, und Paolo Stanzani. Das Werk in der Via Modena 12 wurde in den über 60 Jahren seines Bestehens zum Inbegriff und Symbol für die Fahrzeuge der Marke Lamborghini. Im Laufe der folgenden Jahrzehnte wuchs es stetig und ist heute einer der wichtigsten Anziehungspunkte des Motor Valley.

1963

LAMBORGHINI 350 GTV

DER ERSTE PRODUZIERTE LAMBORGHINI

1963

LAMBORGHINI 350 GT

DER ERSTE LAMBORGHINI, DER IN SERIE GEHT

Nach dem 350 GTV von 1963, dem ersten Auto der Marke überhaupt, war der 350 GT im Jahr darauf das erste, das in Serie ging. Seine Grundlage war der 350 GTV, er wies aber mehrere Abwandlungen auf. Vor allem ging sein Stil auf die Carrozzeria Touring zurück und nicht wie der 350 GTV auf Franco Scaglione. Die straffen Formen und die Klappscheinwerfer waren weicheren Linien und ovalen Frontscheinwerfern gewichen. Der um 14 Zentimeter längere GT brachte es auf eine Gesamtlänge von 4,65 Metern und einen um zehn Zentimeter verlängerten Radstand. Die Verlängerung und eine weniger stark akzentuierte Dachlinie ermöglichten eine 2+1-Fahrgastzelle mit einem dritten, mittigen Rücksitz sowie einen größeren Kofferraum. Der V12 mit 3464 cm^3 Hubraum war eine Weiterentwicklung des Motors von Bizzarini (der Lamborghini im selben Jahr verlassen hatte, um ein eigenes Unternehmen zu starten). Stanzani und Dallara hatten ihn stark verändert: Die sechs Vergaser waren nicht mehr vertikal, sondern horizontal angeordnet, wodurch sich die Höhe der Mechanik reduzierte. Die Schmierung wechselte von Trocken- zu Nasssumpf, das Nockenprofil war neu und die Leistung veränderte sich von 360 PS bei 8000 U/min zu 270 PS mit einer Spitzengeschwindigkeit von 250 km/h. Hinzu kamen ein ZF-Fünfganggetriebe, ein selbstsperrendes Differenzial und vier Girling-Scheibenbremsen. Der Wagen überzeugte dynamisch mit dem Einsatz unabhängig aufgehängter Vorder- und Hinterräder. Er wurde für 5.500.000 Lire aufwärts verkauft und war auch in einer stärkeren Version mit 320 PS erhältlich. Der 350 GT wurde bis Anfang 1966 in 131 Exemplaren gebaut, davon weniger als zehn mit dem mittigen Rücksitz.

1964

LAMBORGHINI 400 GT

DER ERSTE 2+2

Der Lamborghini 400 GT, Nachfolger des 350 GT, wird ab 1966 in den Versionen Coupé mit zwei Sitzen und als „2+2" produziert. Erkennbar war er zum Beispiel an den doppelten kreisrunden Scheinwerfern anstelle der ovalen oder am neuen Kühlergrill, doch die interessanteste Neuerung hielt der 400 GT unter der Fronthaube versteckt: Der V12-Motor hatte einen Hubraum von 3929 cm^3 (daher der Name 400 GT), lieferte 320 PS bei 6500 statt wie zuvor 7000 U/min und eine maximale Geschwindigkeit von 260 km/h. Anstelle des ZF-Getriebes und des Salisbury-Differenzials hatte man sich für in der Emilia zusammengestellte Bauteile entschieden und Synchronisatoren von Porsche im Getriebe verwendet, die für mehr Präzision und eine geringere Geräuschentwicklung sorgten. Der Wunsch, das

„perfekte" Auto zu bauen, war und blieb die wichtigste Mission für Ferruccio Lamborghini. Auch in diesem Fall fielen die Kritiken der Presse sehr positiv aus: Dem 400 GT wurden ein fließendes Fahrgefühl und leichte Bedienbarkeit auch bei höheren Geschwindigkeiten attestiert. Er katapultierte die vergleichsweise junge Firma Lamborghini unter die bedeutendsten Automarken. Bis 1967 verließen insgesamt knapp über 280 Exemplare des 400 GT das Werk, überwiegend „2+2" – nur etwa 20 Wagen wurden in der Coupé-Variante verkauft.

1966

MIURA

DIE GEBURT EINER IKONE

1966

MIURA P400

Legendär. Es gibt kein besseres Adjektiv, um den Lamborghini Miura zu beschreiben, der nicht nur in die Firmengeschichte einging, sondern auch die Standards in der Welt der Supercars anhob. Alles begann 1965, als Lamborghini auf dem Turiner Autosalon ein Fahrgestell mit Motor und Radaufhängungen des 400 GT präsentierte, mit nie da gewesenen technischen Lösungen. Das Chassis war auf Wunsch der Ingenieure Gian Paolo Dallara und Paolo Stanzani ausgestellt worden, die von der Qualität des Projektes überzeugt waren, obwohl Ferruccio noch zögerte. Dieses neuartige Fahrgestell aus geschweißtem Stahlblech, an das alle Komponenten montiert waren, hatte

einen quer eingebauten V12-Motor im Heck. Der Designer Nuccio Bertone erkannte das Potenzial der Arbeit der beiden Ingenieure. Der stilistische Teil wurde also der Carrozzeria Bertone und ihrem jungen Zeichner Marcello Gandini anvertraut. Der legte nach nur vier Monaten ein Design vor, das Automobilgeschichte schreiben sollte. Der Mythos Miura war noch nicht zum Leben erwacht, doch durch den Namen – zu Ehren des spanischen Kampfstierzüchters Don Eduardo Miura Fernandez – verband sich die Marke Lamborghini für immer mit dem mächtigen Tier. Nach der Ausstellung des Fahrgestells in Turin debütierte der Miura P400 im Jahr 1966 auf dem Genfer Auto-Salon und wurde schlagartig zum Welterfolg. Außer einem beispiellosen Design hatte der Miura einen quer eingebauten 3,9-Liter-V12-Motor mit 350 PS bei 7000 Umdrehungen, der eine Höchstgeschwindigkeit von 300 km/h ermöglichte. Um die Geburt des ersten Supercars der Marke Lamborghini gab es viele kleine Geheimnisse. Das lag daran, dass die Produktion sehr auf die Kosten achten musste. So stammten die berühmten Klappscheinwerfer vom Fiat 850 Spider, famos ergänzt durch die Wimpern, die zu einer Art Alleinstellungsmerkmal des Miura wurden. Ferruccio hatte ihn anfangs als reines Marketinginstrument angesehen und eine Auflage von wenigen Dutzend geplant. Doch allein 1967 wurden 108 Exemplare zum Preis von je 7,7 Millionen Lire verkauft, bei einer offiziellen Lieferzeit von über 270 Tagen.

1966

WEBER
TIPO

LAMBORGHINI MARZAL

Innovative Formen, nach oben öffnende Flügeltüren und vier bequeme Sitze: Der Marzal war der Vorläufer aller futuristischen Konzeptwagen, die Lamborghini noch hervorbringen sollte. Entworfen von Marcello Gandini, wurde er 1967 auf dem Genfer Auto-Salon präsentiert. Sein Fahrwerk ist ein verlängerter Miura, angetrieben von einem V6-Motor mit 1965 cm^3 und 175 PS. Die Höchstgeschwindigkeit liegt bei 225 km/h.

1967

MIURA P400 ROADSTER

Hatte Lamborghini 1966 mit dem Miura das Konzept des Supercars geschaffen, so sollte der Miura P400 Roadster zum Traum aller Sammler werden. Gandini und Bertone hatten Dach und Fenster verschwinden lassen und Veränderungen im hinteren Bereich vorgenommen, vom V12-Motor mit 350 PS über die neuen Scheinwerfer bis zum größeren Heckspoiler. Durch ein verstärktes Chassis sollte der Roadster die gleichen Leistungen wie die geschlossene Version gewährleisten. Er ging aber nie in Serie, sondern wurde an die International Lead Zinc Research Organization (ILZRO) verkauft, die mehrere seiner Komponenten durch andere aus Zink und Blei ersetzte, den Wagen in einem schillernden Goldgrün lackierte und zu Demonstrationszwecken nutzte. Nach einigen Besitzerwechseln versetzte ihn der aktuelle Eigentümer durch eine gründliche Restaurierung wieder ihn in seinen Originalzustand.

Rechts, der Miura P400 Roadster bei seinem Debüt auf dem Brüsseler Auto-Salon von 1968. Das Auto hatte kein Dach und führte gegenüber dem Coupé mehrere Neuerungen ein.

1968

ISLERO

Auf den Miura folgte der Lamborghini Islero, der 1968 zusammen mit dem Espada auf dem Genfer Auto-Salon präsentiert wurde. Er war eine Neuheit, aber für eine eher traditionsbewusste Klientel gedacht. Entworfen auf der Grundlage des 400 GT, verdankte er seinen Stil Mario Marazzi vom gleichnamigen Karosseriehersteller. Unter der Motorhaube befand sich ein Vierliter-V12 mit 320 bzw. 350 PS (beim Islero S). Von 1968 bis 1970 wurden 155 Islero und 70 Islero S hergestellt.

1968

ESPADA

Von Beginn an hatte Ferruccio Lamborghini das Ziel, den besten GT aller Zeiten zu bauen, ein schnelles, sportliches, auch auf längeren Strecken bequem fahrbares, luxuriöses Fahrzeug. Der Espada 400 GT, entworfen von Paolo Stanzani und Marcello Gandini, präsentiert auf dem Genfer Auto-Salon 1968, erfüllte diesen Wunsch über ein Jahrzehnt lang am besten. Sein für vier Erwachsene komfortabler Innenraum bietet mehr Platz für Passagiere und Gepäck als sein Vorgänger, der 2+2 400 GT, und als der 2+2 Islero 400 GT. Die technische Basis war der 12-Zylinder-V-Motor mit 60°-Winkel, 3929 cm^3 und einer Leistung von 325 PS bei 7200 U/min, aus denen 1970 beim

Espada Serie II 350 PS bei 7500 U/min wurden. Von dem Viersitzer, bei seiner Einführung der schnellste der Welt, wurden insgesamt 1226 Exemplare hergestellt, aufgeteilt auf drei Serien: 400 GT Serie I (1968–1969) in 176 Exemplaren, 400 GTE Serie II (1970–1972) in 578 Exemplaren und 400 GTS Serie III (1972–1978) in 472 Exemplaren.

1968

JARAMA 400 GT

DER LETZTE GT 2+2

Der Jarama wurde nach einer Region nördlich von Madrid benannt, bekannt für ihre Kampfstierzuchten: letzter Evolutionsschritt des Konzepts Gran-Turismo-Coupé 2+2 mit Vierliter-12-Zylinder-Frontmotor, den Lamborghini produzierte, entwickelt auf der Grundlage des 400 GT und des Islero, deren Technik er übernimmt. Sein unverkennbares Design geht auf Marcello Gandini von Carrozzeria Bertone zurück und kommt mit seinen lang gezogenen, kantigen Formen dem stilistischen Kanon der 1970er-Jahre näher als seine Vorgänger. Die Karosserie der Prä-Serien-Exemplare wird in Caronno Pertusella von Carrozzeria Marazzi montiert, die Serienexemplare im Werk von Carrozzeria Bertone in Grugliasco (Provinz Turin). 1972 debütiert der Jarama GTS mit einer Leistung von 365 PS gegenüber der ersten Serie mit 350 PS, deren Hauptmerkmale die Luftansaugung quer über der Motorhaube und zwei Luftausgänge hinter den vorderen Radkästen waren. Im Handel von 1970 bis 1976, wird der Jarama in 328 Exemplaren produziert.

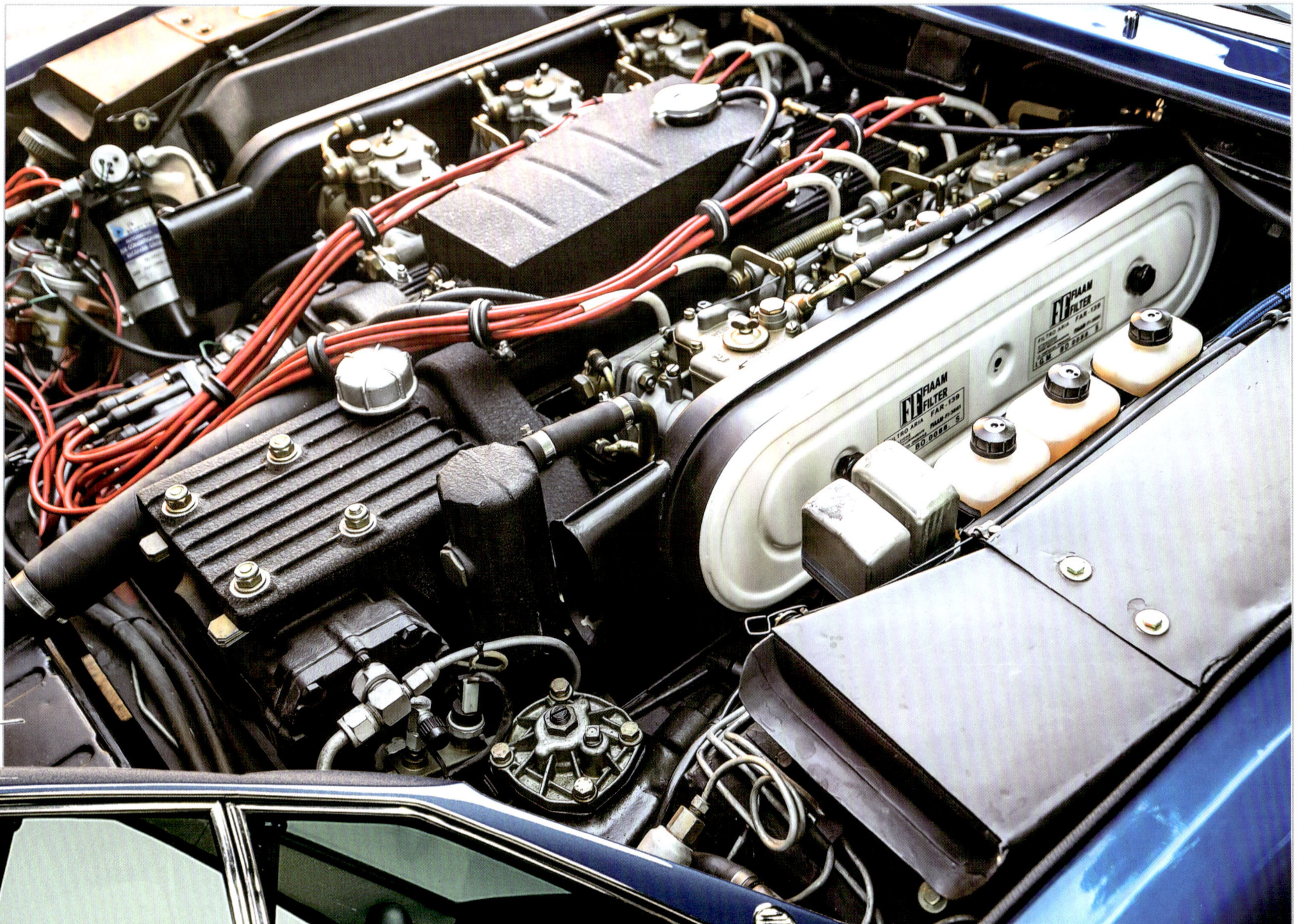

1970

URRACO P250 GT

DAS STECKT DRIN

Der Urraco debütiert nach einer von Streiks in den Unternehmen geprägten Phase 1970 auf dem Turiner Autosalon. Er präsentiert eine absolute Neuheit für einen Lamborghini: Zentral in seinem Heck befindet sich ein Zweieinhalbliter-V8-Motor mit einer einzelnen Nockenwelle pro Zylinderreihe. Der knapp über 4,20 Meter lange „kleine Lamborghini", ein 2+2-Sitzer mit 220 PS bei 7800 U/min, fährt eine Spitzengeschwindigkeit von 245 km/h. Sein Design verdankt er Marcello Gandini, dem damaligen Leiter der Stilabteilung von Carrozzeria Bertone, und Paolo Stanzani lieferte so innovative technische Lösungen wie den V8-Mittelmotor in Kombination mit Einzelradaufhängungen und McPherson-System an allen vier Rädern. „P250" steht übrigens für „Posizione posteriore", den hinten liegenden Motor mit 2,5 Liter Hubraum. Von 1970 bis 1976 werden davon 520 Exemplare produziert. 1974 wird der Urraco in der Version P200 auf dem Turiner Autosalon vorgestellt, mit einem für den italienischen Markt reduzierten Hubraum von 1994 cm^3 und 182 PS. Von 1975 bis 1977 werden davon 66 Exemplare verkauft. Die im selben Jahr präsentierte Folgeversion P300, mit 2996 cm^3 und 265 PS, verkauft sich von 1975 bis 1979 insgesamt 190-mal.

1971

DAS WORT HAT EINER, DER DABEI WAR

Walter Rinaldi leitete bis 2009 das Ersatzteillager von Lamborghini. Er erzählt: „Ich war 15, als ich am 1. September 1966 bei Lamborghini angestellt wurde. Den Miura sah ich zum ersten Mal, als er auf den Transporter gehoben, nach Turin gebracht und dort zum Star des Autosalons wurde. Danach begann eine magische Zeit. Er war ja nicht einmal einen Meter hoch, und wenn man darin saß, war es, als berühre man den Asphalt. Aber er war geräumig, voller Anzeigen und Schalter, und er war aggressiv. Der Motor lag quer hinterm Cockpit, damals der reinste Irrwitz, und er war einzigartig, auch seine Farben. Die Ingenieure Dallara und Stanzani und ihr Technikteam hatten ganze Arbeit geleistet! Bald begann die Fertigung. Ich versorgte die Montagestraße

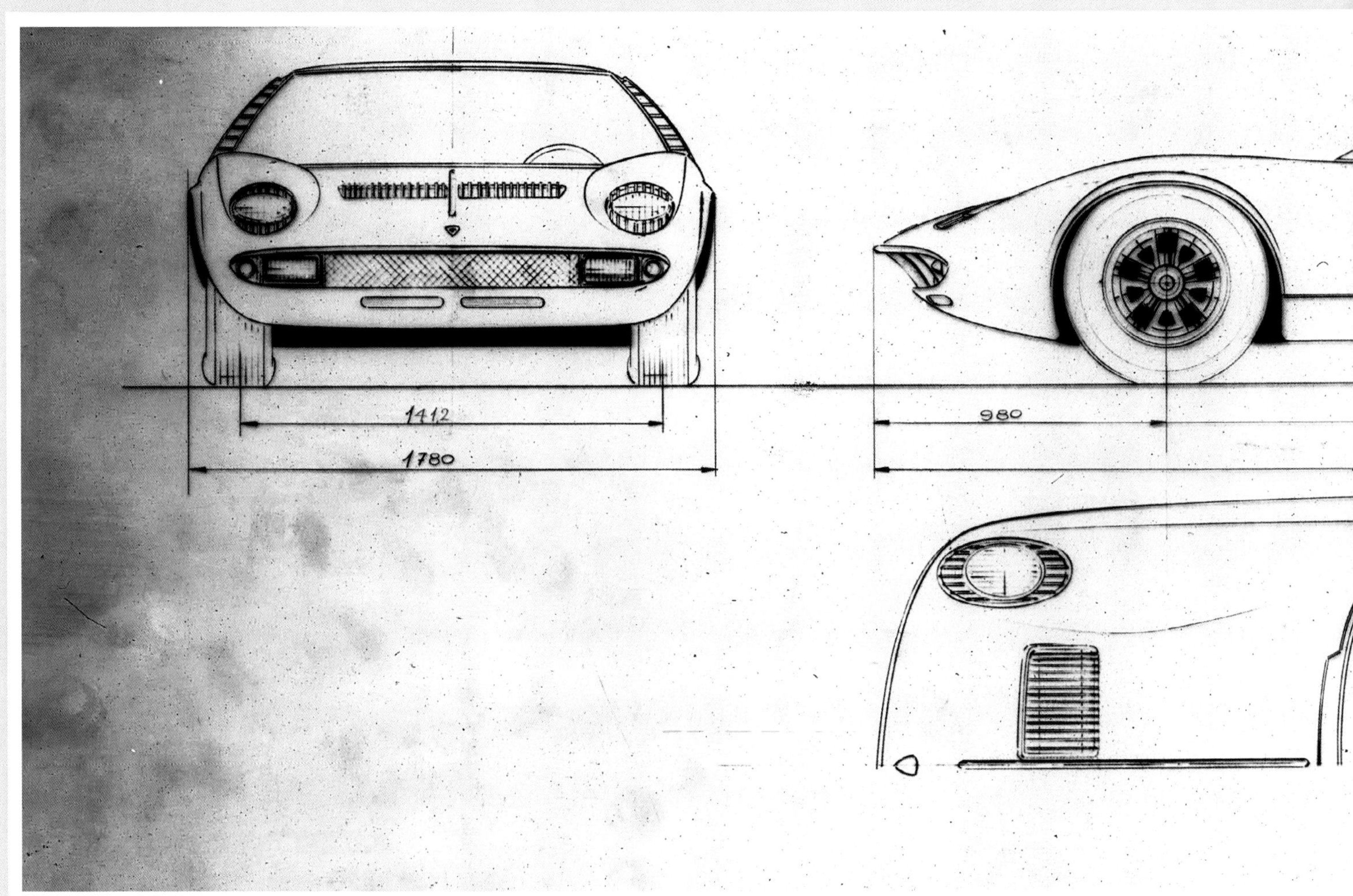

mit Teilen der heißen und kalten Mechanik und leitete das Ersatzteillager. Noch heute, fast 60 Jahre später, erinnere ich mich an fast alle Teile mit ihren Identifikationsnummern und den damaligen Lieferanten, und ich trage immer noch zum Polo Storico bei, dem Archiv von Lamborghini, wenn es darum geht, Lieferanten von Ersatzteilen und Artikeln zu finden. Schauspieler, Industrielle, berühmte schöne Frauen kamen zu Lamborghini, um einzukaufen. Ferruccio Lamborghini schaute vorbei, ging durch die Abteilungen und grüßte immer alle. Er war stolz und glücklich, dass sein Geschöpf gedieh und überall auf der Welt geschätzt wurde. Dieser Bolide aus Aluminium und Stahl schrieb die Autogeschichte neu."

Unten, die vom technischen Büro angefertigten, offiziellen Konstruktionszeichnungen des Miura mit Maßangaben.

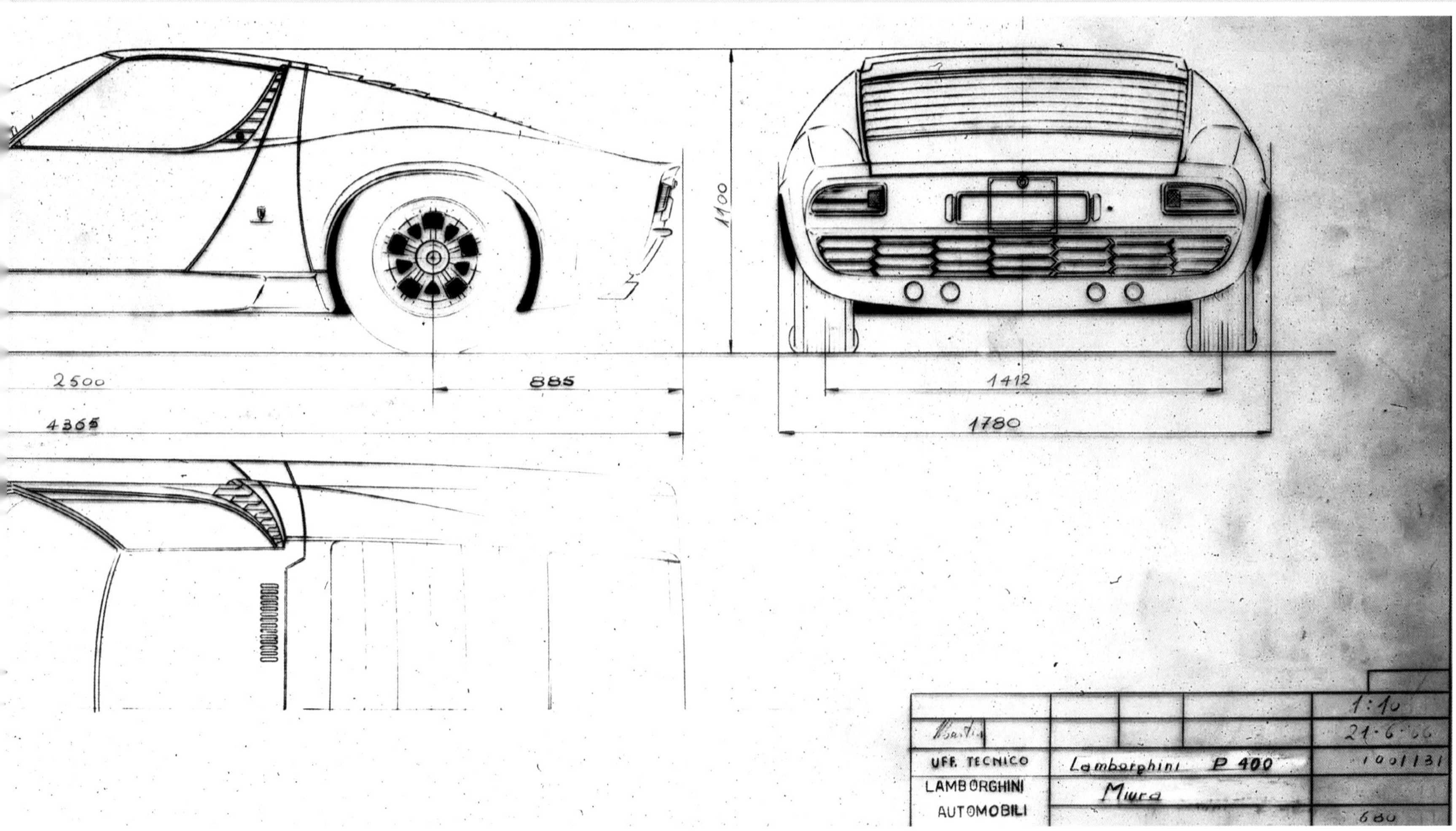

AN BORD DES MIURA SV

Wenn Sie den QR-Code mit der Kamera Ihres Smartphones scannen, können Sie dank einer speziell für dieses Buch entwickelten Onboard-Kamera in einem Lamborghini Miura SV mitfahren. Auch der Klang des 12-Zylinder-V-Motors mit seinen 385 PS und einer Höchstgeschwindigkeit von 300 km/h ist zu hören, der in 5,7 Sekunden von 0 auf 100 km/h beschleunigt.

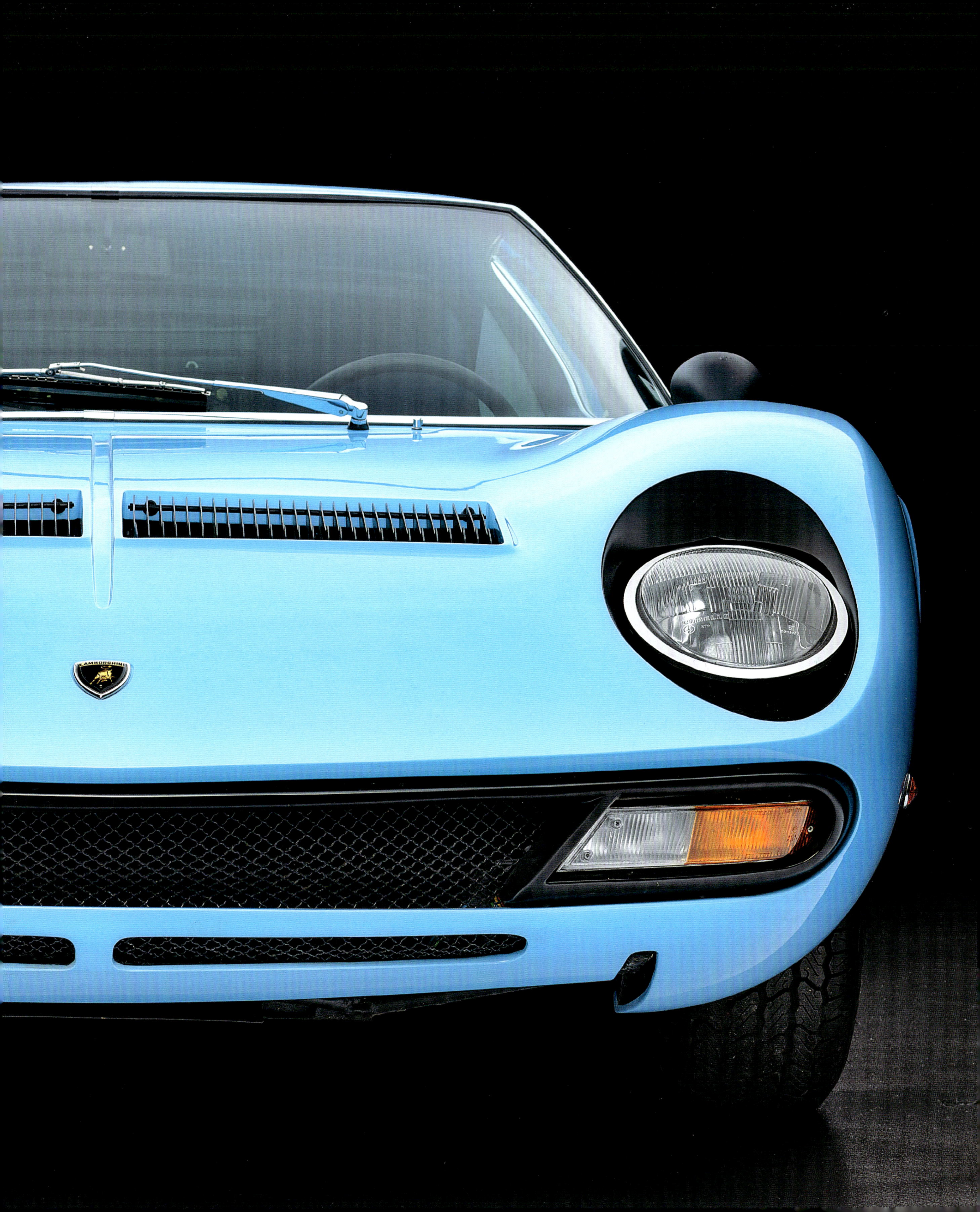

COUNTACH LP 500

DAS DEBÜT

Im März 1971 präsentiert Lamborghini auf dem Genfer Auto-Salon sein „Idea car", den Countach LP 500. Er ist der Star des Salons, seine Fotos verbreiten sich schnell, sind überall auf der Welt in den führenden Zeitschriften zu sehen. Dieses neue Modell, das den legendären Miura ersetzen soll, schlägt eine neue Seite im Geschichtsbuch des Automobils auf, sowohl seiner Technik als auch seiner Form wegen. Nach drei Jahren Entwicklungszeit wird der LP 500 im März 1974 den Crashtests geopfert, doch es gibt ein Comeback. 2021 wird er wiedergeboren, nach 50 Jahren und 25.000 Arbeitsstunden, die der Polo Storico Lamborghini für seine Rekonstruktion aufwendete.

VOM ABSCHIED VON FERRUCCIO BIS ZUM EINTRITT VON AUDI DURCH DUNKLE JAHRE

1972/1998

AUTOMOBILI
LAMBORGHINI

NEUE BESITZER UND SENSATIONELLE AUTOS

Nicht einmal 20 Jahre. Diese Zeitspanne hatte Ferruccio Lamborghini gereicht, um eine legendäre Marke zu schaffen, die so großartige Autos wie den Miura und den Countach hervorbrachte. 1972 verkauft er 51 % des Betriebs an einen Schweizer Unternehmer. 1974 übergibt er die übrig gebliebenen 49 % und verabschiedet sich von seiner 1963 in Sant'Agata Bolognese gegründeten Firma.

Der Abgang von Ferruccio hatte diverse Gründe, darunter die Streiks von 1968, hohe Benzinpreise aufgrund der nahenden Ölkrise und eine abgesagte Bestellung von über 5000 Traktoren wegen des Staatsstreichs in Bolivien. Doch auch die folgenden Jahre sind von der Ölkrise und der Unerfahrenheit der beiden Gesellschafter Georges-Henri Rossetti und René Lamier geprägt. Trotz des Debüts des Countach, der noch in der Ära Ferruccio geplant wurde, und trotz der neu herausgekommenen Automodelle Urraco und Silhouette geht Lamborghini in Insolvenz.

1980 könnte Ferruccio eigentlich an die Spitze seines ehemaligen Unternehmens zurückkehren, doch das Gericht von Bologna stimmt nicht zu. Stattdessen entscheidet es sich für die französische Familie Mimran, die schon im Sommer desselben Jahres eine Verpflichtung unterschreibt, das Unternehmen und die Arbeitsplätze zu retten. 1981 kommt es zur Gründung der Nuova Automobili Lamborghini, die in den Folgejahren Modelle wie den Countach Quattrovalvole, den Jalpa und den LM002 herausbringt. Unter dem Geschäftsführer Emile Novaro und der technischen Leitung des Ingenieurs Giulio Alfieri bringt das erneuerte Unternehmen den umgestalteten 12-Zylinder-Motor mit vier Ventilen pro Zylinder und sogar einen Bootsmotor auf den Markt, der hervorragende Wettkampfergebnisse erzielt.

Alles ändert sich im April 1987, als Mimran das Angebot von Chrysler annimmt und das gesamte Unternehmen verkauft. Nach all den Jahren glauben die Angestellten von Lamborghini, sich auf die wirtschaftliche und industrielle Stabilität verlassen zu können, die ein großer Autobauer wie Chrysler bietet. 1990 debütiert der Diablo, das

wichtigste Modell aus der Zeit in US-amerikanischem Besitz und der erste Sportwagen von Lamborghini mit Allradantrieb.
Und wieder ändert sich alles schnell, als Chrysler das Unternehmen 1994 an Megatech verkauft, eine Finanzgesellschaft von den Bermudainseln, die zu 60 % aus indonesischem und zu 40 % aus malaysischem Kapital besteht. Lamborghini wird Eigentum von Hutomo Mandala Putra Suharto, genannt „Tommy", der das Unternehmen als Geschenk von dem superreichen Diktator Indonesiens erhält. Damit nähert sich Lamborghini den dunkelsten Jahren seiner Existenz.
1995 erreicht die Produktion mit knapp über 200 Autos, hergestellt von einer etwa 200 Personen zählenden Belegschaft, ihren historischen Tiefpunkt. Im selben Jahr debütiert der Diablo Roadster, eine Variante der Coupé-Version des einzigen Modells im Angebot. Unter der Leitung von Vittorio di Capua navigiert Lamborghini auf Sicht in zunehmend unruhigen Gewässern. 1997 kommt es zu einer Begegnung zwischen Lamborghini und Audi: Ziel ist die Lieferung der 8-Zylinder-Motorisierung des Audi-Flaggschiffs A8 zur Nutzung im zukünftigen „Baby Diablo", der später zur Entwicklung des Gallardo führt. Es ist die Idee von Maurizio Reggiani, dem späteren Chief Technical Officer von Lamborghini, den V8 im Heck zu positionieren und um 180 Grad zu drehen. Die Verhandlungen ziehen sich etwa acht Monate lang hin, bis Reggiani im Januar 1998 auf der Detroit Auto Show die Zusage der Audi-Führungsspitze erhält. Der Motor werde geliefert – unter einer Bedingung: „Audi kauft Lamborghini." Trotz des hervorragenden Angebots drohen die Verhandlungen an den Forderungen des indonesischen Aktionärs zu scheitern, der einen Teil seiner Einlage behalten möchte – eine Option, die der Autohersteller aus Ingolstadt nicht einmal in Erwägung zieht. Doch die „Vorsehung" hilft ein wenig nach: Aufgrund politischer Umwälzungen in Indonesien sieht sich Tommy Suharto zum Aufgeben gezwungen. Endlich kann Lamborghini wiederauferstehen.

COUNTACH LP400

1974

DAS STECKT DRIN

Ferruccio Lamborghini hat wieder einmal ein Auto kreiert, das neue Standards setzt und die Konkurrenz abhängt. Der Countach war der letzte Lamborghini, der unter Ferruccios Aufsicht produziert wurde – der verließ das Unternehmen endgültig, nachdem er 1972 Georges Rossetti 51 % und zwei Jahre später René Leimer 49 % überlassen hatte. Der Countach LP 400 verkörpert die DNA von Lamborghini aufs Beste – Innovation, die Suche nach dem Extrem und die Fähigkeit, Bewunderung auszulösen: „Countach" ist im Dialekt des Piemont ein Ausruf des Staunens, und ein Mitarbeiter von Marcello Gandini soll ihn von sich gegeben haben, als er den Wagen zum ersten Mal sah. Der LP ist gerade mal einen Meter hoch und mit nur 1065 kg ein Leichtgewicht. Entstanden ist er auf einem Stahlrohr-Chassis mit einem längs montierten V12-Motor mit 3929 cm^3 und 375 PS, der eine Spitzengeschwindigkeit von 309 km/h ermöglicht. Gandini führt auch die Scherentüren ein, die zu einem Erkennungszeichen der Marke aus Sant'Agata Bolognese geworden sind. Hauptfeatures des LP 400 sind die ansatzlosen Kotflügel und die zentrale Vertiefung im Dach für den Rückspiegel, dem er seinen Beinamen „Periskop" verdankt. Er wurde zwischen 1974 und 1978 insgesamt in 151 Exemplaren verkauft.

DIE MONTAGESTRASSE DES COUNTACH

Im März 1974 beginnt im Werk von Lamborghini in Sant'Agata Bolognese die Serienproduktion des Countach, eines erfolgreichen Modells, das über 16 Jahre lang im Handel bleibt. Der Countach ist der erste Lamborghini, dessen Karosserie von Hand „zu Hause" gefertigt wird. Bis dahin wurde hier nur die Technik hergestellt. Die Karosserien entstanden dagegen bei externen Karosseriebauern und wurden in Sant'Agata zusammen mit der Technik auf das Chassis montiert. Die Entscheidung, die Gesamtproduktion ins eigene Werk zu verlegen, wirkt sich unmittelbar positiv auf das Wachstum des Unternehmens aus.

Die Karosserieteile werden über einer Holzschablone gehämmert, miteinander verschweißt und auf der sogenannten Cala einander angepasst. Dieser letzte Arbeitsschritt ist fundamental, denn die handgearbeiteten Karosserieteile gleichen einander nur dem Anschein nach, sind in Wahrheit jedoch unterschiedlich. Der komplette Wagenaufbau, noch in Rohaluminium, wird anschließend mit dem Chassis verbunden. Diese Baugruppe fährt auf einem schienengebundenen Wagen zwischen den verschiedenen Montagestationen hin und her, an denen die mechanischen Komponenten montiert werden. Für den Countach wird auch die hauseigene Sattlerei ins Leben gerufen.

1974

SILHOUETTE

Der Silhouette, das erste völlig neue Lamborghini-Modell nach Ferruccios Weggang, war eine Weiterentwicklung des Urraco in einer Targa-Version, konzipiert für den komplexen US-amerikanischen Markt. Der zwischenzeitlich perfektionierte V8-Motor, der in der Dreiliter-Version über vier oben liegende Nockenwellen verfügte, ermöglichte eine Höchstgeschwindigkeit von 260 km/h. Trotz der scheinbar guten Verkaufschancen wurden nach zwei Prototypen nur 53 Silhouettes produziert, von denen der letzte als Prototyp des Jalpa eingesetzt wurde.

1976

CHEETAH

Ein Lamborghini für den Einsatz in Kriegsgebieten? Das wäre gegangen, hätte das Unternehmen in Sant'Agata den Auftrag der US-amerikanischen Armee erhalten. Doch daraus wurde nichts, sodass der Cheetah mit seinem 180-PS-V7-Motor von Chrysler vorerst nur ein Beispiel für die Kreativität von Lamborghini blieb. Das Projekt war alles andere als unnütz. Man musste nur ein paar Jahre auf die Ankunft des LM001 und LM002 warten, von denen Letzterer der erste richtige Super-SUV (Super Utility Vehicle)

1977

COUNTACH 400 S

Der Lamborghini Countach LP 400, wie er in dem Film „Auf dem Highway ist die Hölle los" seinen Auftritt hatte. Im November 1979 wurde er hergestellt, in Schwarz, mit senfgelbem Innenleben. Für den Film erhielt er einen Flügel und zwei Tiefenscheinwerfer auf der Front, ferner einen Spoiler, drei Antennen und zwölf Auspuffrohre.

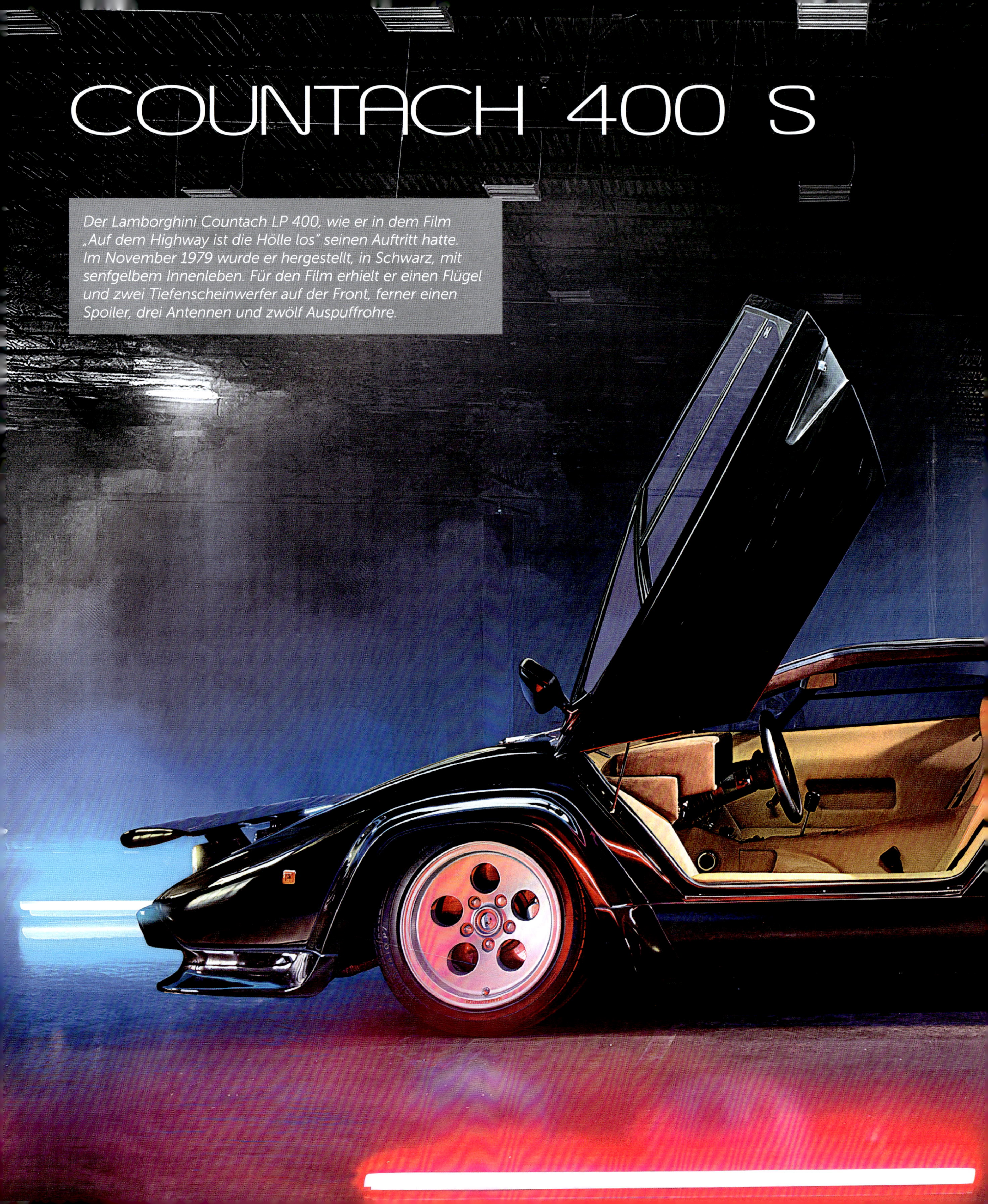

Der Countach LP 400 wurde von 1978 bis 1982 in 235 Exemplaren hergestellt. Er stammte direkt von dem LP 400 S ab, den der kanadische Lamborghini-Liebhaber Walter Wolf in Auftrag gab. Charakteristika des LP 400 S sind die von Pirelli übernommenen Niederquerschnittsreifen, die Radlaufblenden, die Magnesiumfelgen im „Wählscheiben-Design“ und der Aerodynamikspoiler unterhalb der Frontpartie. Der optional erhältliche Heckspoiler wird in den folgenden Jahren zum bestimmenden Merkmal des Countach. Dessen Motor bleibt der V12 mit 3929 cm^3 Hubraum, 353 PS, 7500 U/min und einer Maximalgeschwindigkeit von 285 km/h. Von 1982 bis 1984 wird der 5000 S gebaut und in 323 Exemplaren verkauft, mit ein paar ästhetischen Variationen. Sein V12 hat 4,8 Liter Hubraum, eine Leistung von 375 PS und eine Spitzengeschwindigkeit von 300 km/h.

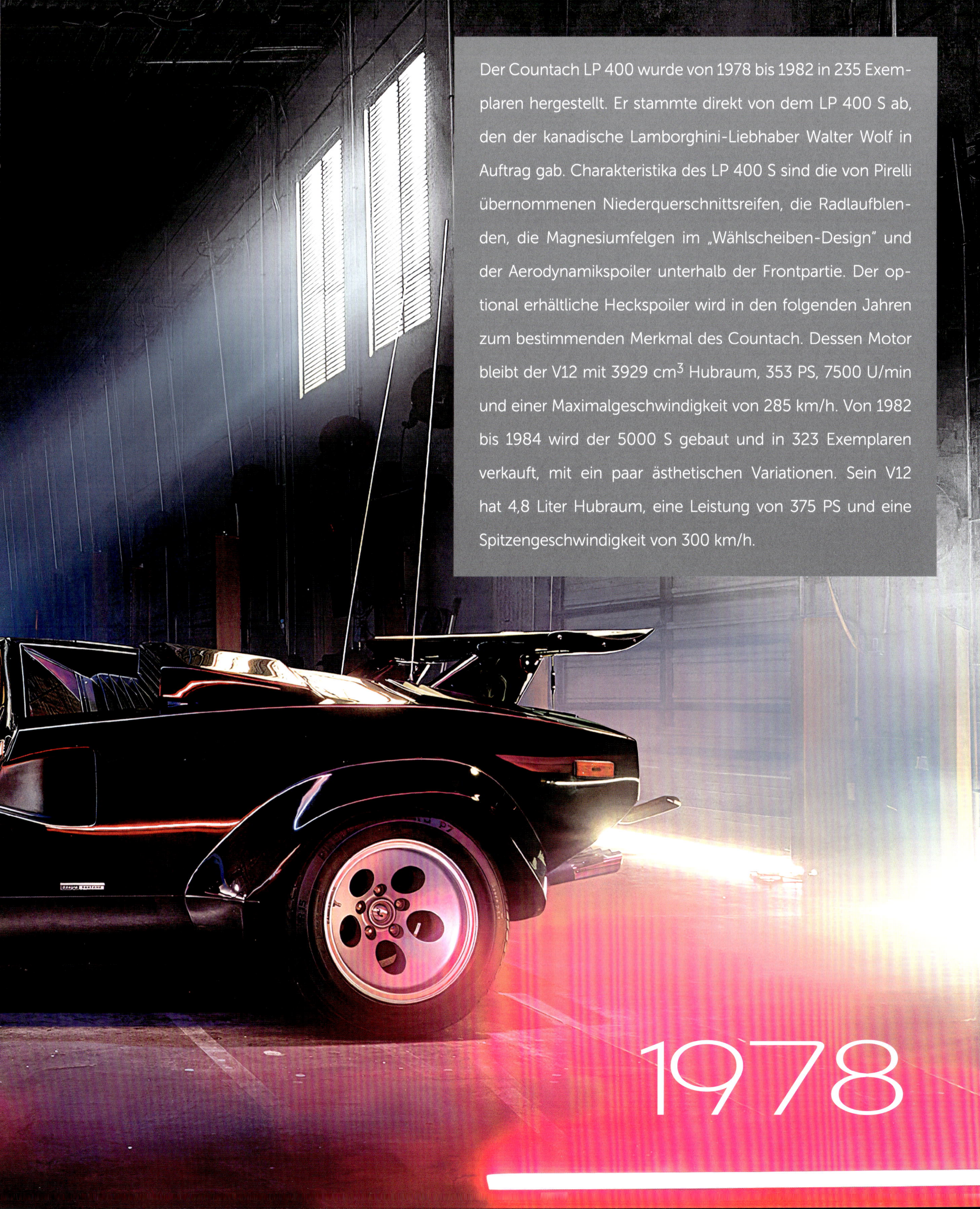

1978

JALPA

1981: Auf dem Genfer Auto-Salon debütierte der Jalpa, der unter der Mimran-Ägide entstanden war. Das Design mit dem Dach im Targa-Stil stammte von Marc Deschamp, dem Leiter der Stilabteilung von Bertone, und war beeinflusst und zum Teil auch entworfen von Giulio Alfieri, dem damaligen Generaldirektor und technischen Leiter von Lamborghini. Die wichtigste technische Neuerung war die Vergrößerung des Hubraums des V8-90°-Aluminiummotors auf 3,5 Liter, die Leistung betrug 255 PS. Die Fertigung des Jalpa begann 1982, die zweite Serie kam 1984 und 1988 endete die Produktion nach 420 Fahrzeugen.

1981

COUNTACH QUATTROVALVOLE

Der Lamborghini Countach bleibt der Supersportwagen schlechthin. Nach über zehn Jahren erneuert sich der Countach Quattrovalvole, sein V12 hat nun einen Hubraum von 5167 cm^3. Seine vier Ventile pro Zylinder – daher die Bezeichnung QV, Quattrovalvole – erhöhen seine Leistung auf insgesamt 455 PS. Zurückhaltend sind dagegen die ästhetischen Veränderungen, wie die um 44 mm verbreiterte vordere Spurweite und eine neue Motorhaube, passend für die nun vertikal montierten Weber-Vergaser. Wie es Tradition ist bei Lamborghini, setzen die Leistungen Maßstäbe, von den 300 erreichbaren km/h, wenn man den in Sant'Agata gebauten V12 bis zum Äußersten treibt, bis zur Beschleunigung aus dem Stand auf 100 km/h in nur 5 Sekunden. Das alles, damals ganz normal, ohne jegliche Fahrassistenz.

1985

PIRELLI
SCORPION
ZERO

LAMBORGHINI LM002

DER ERSTE SUV ÜBERHAUPT

Das Modell, das für die Produktion des Lamborghini LM002 vorgesehen war, wurde erstmals auf dem Brüsseler Autosalon von 1986 präsentiert und schließlich auch so umgesetzt: Der aus dem Countach Quattrovalvole entwickelte V12 hatte 5167 cm^3 und 450 PS bei 6800 U/min. Seine Karosserie bestand aus Aluminium und Glasfaser, er hatte Allradantrieb und ein Zweigang-Verteilergetriebe mit selbstsperrendem Mittendifferenzial, und er bewältigte selbst Steigungen von 120 %. Die Höchstgeschwindigkeit des LM002 lag bei über 200 km/h, und er verfügte über aus dem Stegreif entwickelte Pirelli-Scorpion-Reifen, die gut mit weichen Untergründen wie Sand zurechtkamen und gleichzeitig optimal resistent gegenüber heißen Klimata waren. Die Produktion der Karosserien begann in einem Betrieb im spanischen Bilbao. Die halbmontierten Teile wurden nach Sant'Agata Bolognese geschickt, wo sie den Motor und mechanische Komponenten erhielten und endbearbeitet, abgenommen und übergeben wurden. Für den letzten Schliff sorgte schließlich die luxuriöse, nach persönlichen Kundenwünschen angefertigte Innenausstattung. Von 1986 bis 1992 wurden insgesamt 300 Einheiten gefertigt. Der LM002 war der erste echte Super-SUV aller Zeiten, nie zuvor hatte man einen V12-Geländewagen mit 450 PS gesehen. Damit hatte er den Trend zum Hochleistungs-SUV um 30 Jahre vorweggenommen.

1986

COUNTACH
25° ANNIVERSARIO

Vom Countach 25° Anniversario wurden von 1988 bis 1990 insgesamt 658 Exemplare produziert. Zum 25-jährigen Bestehen des Unternehmens entwickelt, interpretierte er die aerodynamischen Details des Countach völlig neu. Auch die Luftzuführungen auf den hinteren Kotflügeln änderten ihre Form, und einige Karosserieteile, wie etwa die Motorhauben, waren erstmals aus Carbonfaser hergestellt. Auffallend war, dass der kommerzielle Erfolg des Countach stetig zunahm und vor allem die letzten beiden Versionen in höherer Anzahl produziert wurden, da sie von der Verkaufsgenehmigung auf dem US-amerikanischen Markt profitierten.

1988

AM STEUER DES COUNTACH 25° ANNIVERSARIO

Wenn Sie den QR-Code mit der Kamera Ihres Smartphones scannen, können Sie eine Spritztour im Lamborghini Countach 25° Anniversario machen. Auch der Sound des V12-Motors mit 5167 cm³ Hubraum ist zu hören, der bei 7000 U/min gut 455 PS auf die 345-35/ZR15-Hinterräder überträgt. Der Countach 25° Anniversario erreicht eine Höchstgeschwindigkeit von 295 km/h. Geprägt ist er von klareren Linien und einer gediegenen Innenausstattung, in der auch eine Klimaanlage nicht fehlt.

Auf der Straße zeigt der Lamborghini Countach 25° Anniversario seinen wahren Charakter, angefangen mit der seinerzeit sehr präzisen, aber alles andere als leichten Lenkung. Ein moderner Lamborghini ist zwar „gut handhabbar", aber um den Countach zu fahren, ist in jedem Moment höchste Konzentration gefragt. Alles muss mit Entschlossenheit betätigt werden, begonnen bei der Gangschaltung. Der erste Gang liegt hinten, und geschaltet wird entlang der Führung des Schalthebels. Die Kupplung ist trocken und exakt, und die kleinen Pedale sollten fest, aber bloß nicht ruckartig eingesetzt werden. Der Sound des Countach-V12 ist etwas, das Motorbegeisterte wenigstens einmal im Leben gehört haben sollten. Sie werden „virtuell" dankbar sein für die vor 40 Jahren in Sant'Agata Bolognese geleistete Arbeit.

DIE GEBURT DES

DIABLO

Nach fünf Jahren Wartezeit kam der Nachfolger des Countach in Sicht. 1985 begann bei Lamborghini die Arbeit am „Projekt 132" mit dem Ziel, den Erben eines erfolgreichen V12-Geschlechts ins Leben zu rufen. Der Diablo, Frucht eines Entwurfs von Marcello Gandini, wurde erstmals 1990 präsentiert und dann bei Chrysler, mittlerweile Mehrheitsgesellschafter von Lamborghini, teilweise überarbeitet. Der technische Aufbau des Diablo blieb klassisch, mit 12 Zylindern, 5,7 Litern Hubraum, Einzeleinspritzung und 492 PS, die ausschließlich auf die Hinterräder übertragen wurden. Die Höchstgeschwindigkeit betrug 325 km/h. Für den letzten Schliff sorgten die Innenausstattung aus Leder, eine Klimaanlage und elektrisch verstellbare Sitze. Bei all dem blieb der Diablo ein reiner, geradliniger Supersportwagen, frei von Fahrassistenz und Servolenkung. Wer ihn haben wollte, musste bis 1993 warten.

1990

DIABLO VT UND SE

Drei Jahre nach dem Diablo kam der Diablo VT: Das erste Coupé von Lamborghini mit Allradantrieb, das in den folgenden Jahren zu einem Markenzeichen der Supersportwagen werden sollte. Luigi Marmiroli und Maurizio Reggiani hatten den Diablo VT (Viscous Traction) unterstützt von Rallye-Weltmeister Sandro Munari entwickelt, der seit einigen Jahren mit Lamborghini zusammenarbeitete. Mit dem VT kam die Visco-Kupplung, die das Drehmoment auf das Vorderachsdifferenzial verteilte, wodurch das Fahrzeug besser handhabbar wurde. Der Diablo VT hat auch die ersten elektronisch gesteuerten Aufhängungen, mit fünf möglichen Einstellungen. Zum 30. Lamborghini-Jubiläum 1993 erschien dann die Special Edition (SE), erkennbar an der ausschließlich violetten Farbgebung und der auf 525 PS gesteigerten Leistung. Vom Diablo VT wurden zwischen 1993 und 1998 insgesamt 529 Exemplare produziert, vom SE in den Jahren 1993 und 1994 insgesamt 157 Stück.

1993

FIRING ORDER
1-7-4-10-2-8-6-12-3-9-5-11
CAUTION !
HIGH TEMPERATURE

DIABLO VT ROADSTER

Der erste Lamborghini mit offenem Verdeck: Das ist der Diablo Roadster, der 1992 auf dem Genfer Auto-Salon als Prototyp und 1995 in seiner definitiven Form in Paris vorgestellt wurde. Der auf der technischen Grundlage des VT entwickelte V12-Motor überträgt 492 PS auf den Allradantrieb, sorgt für eine Spitzengeschwindigkeit von 323 km/h und beschleunigt in 4,1 Sekunden von 0 auf 100 km/h. Das Dach aus Carbonfaser wird oberhalb der Motorhaube verstaut.

1995

DIABLO SV

1996 hielt die Welt des Rennsports endgültig Einzug in die Geschichte von Lamborghini. Nach dem Miura Jota, von dem nur ein einziges Exemplar für die Rennen von 1970 entstand, hatte es 16 Jahre gedauert, bis das Haus von Sant'Agata Bolognese beschloss, sich auf die Rennstrecke zu begeben. Zu diesem Zweck entstand der Diablo SV, ein Fahrzeug für die Straße, aber mit Racing-Charakter, also reduziertem Gewicht, nur Heckantrieb und extremer Aerodynamik. Von ihm stammte der Diablo SV-R ab, entwickelt für die Teilnahme am Super Trofeo, der neu gegründeten Markenmeisterschaft von Lamborghini.

1996

VON DER ÜBERNAHME DURCH AUDI BIS ZUR EINFÜHRUNG DES DRITTEN MODELLS

1998/2015

AUTOMOBILI
LAMBORGHINI

AUTOMOBILI LAMBORGHINI WÄCHST WEITER

1998, nicht einmal fünf Jahre nach den dunklen Jahren von Lamborghini, wehte in Sant'Agata Bolognese ein frischer Wind. Audi hatte das Unternehmen übernommen, das damit seit dem Weggang von Ferruccio erstmals wieder einen soliden Eigentümer und eine reelle, langfristige Vision bekam. Innerhalb von vier Jahren wurde das Angebot komplett erneuert: 2001 ersetzte der Murciélago den Diablo und 2003 debütierte der Gallardo mit seinem neuen V10-Saugmotor. Auch die Produktionsumfänge änderten sich. So hatte der Diablo mehr als zehn Jahre für knapp über 2900 Exemplare gebraucht. Der Gallardo brachte es dagegen in etwas über zwei Jahren auf 3000 Exemplare, eine Zahl, die bis zum Ende seiner Produktion nach zehn Jahren auf über 14.000 ansteigen sollte. Von seinem ersten Erscheinen im Jahr 2003 an stellte der Gallardo eine Art Wasserscheide in der Geschichte von Lamborghini dar: In seinen ersten 40 Jahren produzierte das Unternehmen durchschnittlich etwa 250 Superautos pro Jahr. Im Jahrzehnt des Gallardo dagegen stieg die Produktion auf ganz andere Zahlen und pendelte sich bei jährlich um die 2000 Stück ein. 2004 entstand das Centro Stile Lamborghini, das bis zum Eintritt von Mitja Borkert nacheinander von Luc Donckerwolke, Filippo Perini und Walter De Silva geleitet wurde.

2005 wurde Stephan Winkelmann Präsident, und Lamborghini tat hinsichtlich Qualität und Wachstum noch einen Sprung nach vorn. Eine weitere Neuerung kam mit den wachsenden Investitionen in Entwicklung und Anwendung leichter Materialien aus Carbonfaser.

Schon 1983 war die erste Abteilung für Verbundwerkstoffe ins Leben gerufen worden, die von neuen Erkenntnissen über Komponenten der Boeing 767 aus Carbonfaser und Kevlar profitierte, und im selben Jahr kam der Countach Evoluzione heraus, der erste Lamborghini, der Verbundmaterialien einsetzte. 2007 begann die Zusammenarbeit mit der Universität Washington. Sie markierte einen Wendepunkt in der Entwicklung der Out-of-Autoclave-Technologie im RTM-Verfahren (Resin Transfer Molding), die später zur Grundlage für das Monocoque des Aventador wurde.

2008 wurde der erste Kooperationsvertrag mit Boeing unterzeichnet, und in diesem Zusammenhang beginnt

Lamborghini, das Crashverhalten von Kompositstoffen zu untersuchen und Technologien, Prozesse und Methoden der Simulation und Charakterisierung zu implementieren, die aus der Luft- und Raumfahrtindustrie kommen. 2010 wird die Forged-Composites®-Technologie eingeführt, aus deren spezifischem Patent die Idee zum Supersportwagen Sesto Elemento entsteht. Im selben Jahr nimmt im Lamborghini-Werk eine Anlage zur Produktion von Komponenten aus Verbundwerkstoffen die Arbeit auf, an der sich Phasen der automatisierten Verarbeitung und Phasen handwerklicher Präzisionsarbeit abwechseln.

2011 debütiert der Aventador, der erste vollständig aus Carbonfaser bestehende Lamborghini. Das innovative, in der RTM-Lamborghini-Technologie produzierte Monocoque sorgt für ein 229,5 kg leichtes Chassis und ebnet den Weg für eine an Experimenten reiche Zukunft. 2014 erhält der Reparaturservice von Lamborghini für die Carbonfaser-Fahrzeuge die TÜV-Zertifizierung, und im Folgejahr entsteht Carbonskin®, ein innovatives Material, für das Lamborghini das Patent anmeldet.

2012 war der Urus Concept herausgekommen, und 2013 wurde zur Feier des 50-jährigen Bestehens der Marke das einsitzige Showcar Egoista präsentiert. Im Februar 2013 nahm die Photovoltaik-Anlage in Sant'Agata Bolognese den Betrieb auf. Die Anlage war die größte im Industriesektor der Emilia Romagna und reduzierte gemeinsam mit weiteren Maßnahmen den Kohlendioxid-Ausstoß um 30 %, was über 1067 Tonnen jährlich entsprach. Die Umrüstung betraf das Produktionsgebäude, die Geschäftsräume, den Kundendienst und das Centro Stile, insgesamt 17.000 m^2, so viel wie zwei Fußballfelder. 2014 war das Jahr des Huracán-Debüts, ein Jahr später kletterten die Verkaufszahlen erstmals auf über 3000 Fahrzeuge. Dank einem Netz von 135 Einzelhändlern in 50 Ländern waren es 3245 Stück gegenüber 2530 im Vorjahr, was einer Steigerung von 28 % entsprach und das Verkaufsvolumen von 2010 zweieinhalbmal übertraf. Die neue Ära von Lamborghini begann offiziell mit dem Start der Arbeiten für die Produktion des dritten Modells: des Urus.

1998

DIABLO GTR

Die ersten unter Audi produzierten Lamborghini waren der Diablo GT und der Diablo GTR. Letzterer entstand nur in 30 Exemplaren, die für den Wettkampf bestimmt waren. Befeuert von einem V12-Motor mit von 5707 auf 5992 cm^3 vergrößertem Hubraum, erhöhte sich auch die Leistung um 55 auf 575 PS. Die für Höchstleistungen entwickelten Fahrzeuge fielen durch ihre Heckspoiler, die Luftzufuhr auf dem Dach und den großzügigen Luftauslass auf der Motorhaube auf.

1999

Lamborghini

6.0 L
V12
GTR

GTR

AM STEUER DES DIABLO 6.0

Im Jahr 2000 wurden Design und Innenausstattung des Lamborghini Diablo 6.0 aufgewertet und die Leistung erhöht. Der Sechsliter-V12-Motor übertrug 550 PS auf den Allradantrieb und sorgte dafür, dass der Wagen in weniger als 4 Sekunden von 0 auf 100 km/h beschleunigte. Protagonist unserer heutigen Probefahrt ist der Diablo SE 6.0 L von 2001 in Helios-Gold, eines von 44 produzierten Exemplaren. Nachdem sich zunächst buchstäblich die Tore gehoben haben, wird man beim Einsteigen von sportlichen, komfortablen braunen Ledersitzen in einem ganz in kostbares Leder und Carbonfaser gehüllten Fahrgastraum empfangen. Das Armaturenbrett hat sieben kreisrunde analoge Anzeigen, unter denen die Drehzahlmesser hervorstechen. Die kleine Mittelkonsole bietet nur der Stereoanlage, der Bedienung der Klimaanlage und dem lederbezogenen Aschenbecher Platz. Lenkung und Gangschaltung sind weicher geworden, ebenso wie die Bremsanlage, die jetzt über ABS verfügt. Aber Achtung: Den Diablo muss man immer mit Samthandschuhen anfassen, denn sein V12 zieht unglaublich an und kann am Limit schwierig zu fahren sein. Dieses Modell hat schon den Allradantrieb mit VT-System, der bei Lamborghini eigentlich für ein neutrales, sicheres Verhalten auch bei hohem Tempo in schwierigen Kurven sorgt. Die Scheibenbremsen sind mit ABS ausgestattet und kraftvoll, trotz des Leergewichts von über 1800 kg. Die Felgen haben 18 Zoll und sind mit Reifen der Dimension 235/35 ZR vorn und 335/30 ZR hinten bestückt. Sicht nach hinten ist praktisch nicht vorhanden, aber die beiden großen seitlichen Rückspiegel helfen beim Überholen. Beim Einparken im Rückwärtsgang stellt sich die Situation anders dar – in diesem Fall halten wir es mit der Technik des legendären Testpiloten Balboni: Tür öffnen, auf die Schwelle setzen und mit den Füßen nach den Pedalen angeln. Eine Aktion, die fast komplexer ist, als den Diablo ans Limit zu treiben.

Scannen Sie den QR-Code mit der Kamera Ihres Smartphones und genießen Sie dank eines exklusiv für dieses Buch gebauten Kamerawagens eine Fahrt an Bord des Lamborghini Diablo 6.0. Wenn Sie die Lautstärke erhöhen, machen Sie durch den unverwechselbaren Sound des 550 PS starken 6-Liter-12-Zylinder die „Fahrt" in diesem legendären Sportwagen zu einem Erlebnis.

EINSTIEG IN DEN MOTORSPORT

Lamborghini lag der Motorsport im Blut. Auch wenn Ferruccio mit den „Stieren" nicht offiziell an Wettkämpfen teilnehmen wollte, gehörten sie ab dem Miura Jota doch untrennbar zur Welt der großen Rennen dazu. Nach ersten Formel-1-Erfahrungen mit dem LE3512-Motor im Jahr 1989 und zwei Jahre später mit dem Einsitzer Lambo 291 fällt der Einstieg von Lamborghini in den Motorsport mit dem Erscheinen des Diablo GTR zusammen. 1999 wurden 30 dem Wettkampf gewidmete Exemplare produziert. Damit begründete das Fahrzeug eine Tradition in der Rennsportwelt, die zu einem wichtigen Standbein des Unternehmens aus der Emilia wurde. Und: Der Diablo GTR war der einzige Lamborghini V12, der an Rennen mit abgedeckten Rädern teilnahm, einem Teilbereich, in dem er später von den V10-Motoren des Gallardo und Huracán abgelöst wurde.

BLANCPAIN
BLANCPAIN
IMPERIALE
SUPER TROFEO
LEAD CAR

DIE GEBURT DES MURCIÉLAGO

Rechts, der LP 640 Versace, der 2006 in limitierter Auflage in den Farben Schwarz und Weiß hergestellt wurde.

Unten, der LP 580. Seine Hauptmerkmale waren seine geringe Höhe von nur 120 cm und seine Scherentüren.

IAA Frankfurt 2001: Lamborghini präsentierte seinen V12. Der Murciélago übernahm den Staffelstab von wahren Ikonen des Automobilbaus wie dem Miura, dem Countach und dem Diablo. Der Murciélago war das unter Audi erste völlig neue Modell. Er verband das Beste der deutschen und italienischen Autobauer mit einer deutlich verbesserten Verarbeitungsqualität und den Leistungen eines echten Superautos aus Sant'Agata Bolognese. Auch er bekam einen Namen aus der Welt der Kampfstiere: Murciélago, spanisch für „Fledermaus", war ein Stier, der 1879 bei einer Corrida in der Arena von Cordoba 24 Lanzenstöße überlebte. Das für seinen Mut begnadigte Tier wurde Don Antonio Miura geschenkt, der mit ihm die Zucht der Miura-Stiere begann.

2001

DAS STECKT DRIN

Das Design des Murciélago mit seinen klaren Linien stammt vom Centro Stile Lamborghini, das Luc Donckerwolke damals leitete. Eine der technischen Neuerungen ist das Kühlsystem, das je nach Einsatzbedingungen automatisch öffnet und schließt. Alle Murciélago haben Allradantrieb und nutzen das VT-System des Diablo mit einem Visko-differenzial von Ferguson, welches das Drehmoment bis zu 70 % auf die Hinterachse und zu 30 % auf die Vorderachse verteilen kann. Das Chassis aus Carbonfaser mit einem Boden aus einer Aluminium-Mischstruktur war zum Zeitpunkt seiner Einführung die stabilste jemals von Lamborghini hergestellte tragende Struktur. Das Fahrwerk wurde komplett überarbeitet und erhielt neue Aufhängungen.

Technisch sind die Unterschiede zum Diablo 6.0 VT nicht so groß, der längs eingebaute V12-Mittelmotor ist der Gleiche. Hubraum und Leistung weichen dagegen mit nunmehr 6,2 Litern und 580 PS bei 7200 U/min ab, und das Getriebe hat sechs Gänge und eine im Vergleich zum Diablo deutlich leichtere Kupplung. Höchstgeschwindigkeit 330 km/h; er sprintet von 0 auf 100 km/h in 3,8 Sekunden.

DIE GEBURT DES GALLARDO

2003 wurde auf dem Genfer Auto-Salon der Gallardo präsentiert, mit einem völlig neuen Design und einem Fünfliter-V10-Motor mit 500 PS, wie ihn kein Lamborghini je besaß. Die Planung hatte im Jahr 2000 begonnen, auf Initialzündung von „Italdesign-Giugiaro" hin, und wurde vom Centro Stile Lamborghini unter der Leitung von Luc Donckerwolke abgeschlossen. Seit Mai 2004 besteht übrigens auch die Tradition, der italienischen Polizei einige Fahrzeuge für spezielle Dienstleistungen wie den Transport von Organen und lebensrettenden Medikamenten und für repräsentative Veranstaltungen zu schenken.

2003

MURCIÉLAGO ROADSTER

Fast 340 km/h unter freiem Himmel – mit dem Murciélago Roadster bringt Lamborghini einen neuen V12 ohne Verdeck. Das Design der Coupé-Version verbindet er mit einer Reihe von Neuerungen, die für mehr Sicherheit und Faszination sorgen. So gibt es neue Luftzuführungen und Kopfstützen mit Überrollbügeln, die im Fall eines Überschlags automatisch aus ihren Gehäusen schnellen. Der Murciélago Roadster hat eine steifere Bauart mit einem zweiten Rahmen über dem V12-Motor. Zwei verschiedene Getriebe sind erhältlich: ein manuelles mit sechs Gängen und ein automatisches elektrohydraulisches namens „e-Gear".

Als die Essenz der Marke, ein Meisterwerk des Designs in nur 20 Exemplaren, wurde der Lamborghini Reventón 2007 auf der Frankfurter IAA präsentiert. Damals wurde er in der Coupé-Version für eine Million Euro verkauft. Der Entwurf des neuen Chefdesigners Filippo Perini basierte auf dem Murciélago LP 640, seine Form ist dennoch einzigartig. Die Front wird von der markanten Pfeilform im Zentrum und den mächtigen, vorwärts gerichteten Lufteinlassöffnungen dominiert. Auch der Name Reventón bezieht sich auf die Welt der Kampfstiere. Reventón, ein Stier aus dem Besitz der Familie von Don Rodriguez, tötete 1943 den Torero Felix Guzman. 2009 wurde die Roadster-Variante präsentiert, von der 15 Exemplare existieren.

REVENTÓN

2007

GALLARDO LP 560-4 SPYDER

Der erste Lamborghini mit V10 und offenem Verdeck: Der Gallardo LP 560-4 Spyder gibt 2008 sein Debüt, und mit ihm kommt ein äußerst charismatisches Fahrzeug auf die Straße. Unter seiner hinteren Haube steckt wieder der 10-Zylinder-Motor mit 5204 cm^3, zu dem ein Allradantrieb und eine Leistung von 570 PS gehören. Wegen seines geringen Gewichts kommt der LP 560-4 Spyder auf eine Höchstgeschwindigkeit von 325 km/h; die Beschleunigung von 0 auf 100 km/h schafft er in 3,4 Sekunden. Hinzu kommt das Fahrerlebnis mit den Haaren im Wind.

2008

MURCIÉLAGO LP 650-4 ROADSTER

2009

660 PS unter freiem Himmel. Der Lamborghini Murciélago LP 650-4 Roadster, produziert in nur 50 Exemplaren, wird 2009 der stärkste Lamborghini mit offenem Verdeck in der bisherigen Geschichte von Sant'Agata Bolognese, und das bei einer Höchstgeschwindigkeit von 330 km/h. Das Coupé hat sogar noch bessere Zahlen, sein Sechseinhalbliter-V12 kommt auf 670 PS (daher die Bezeichnung 670-4 Sv), sein Gewicht reduziert sich auf 1560 Kilo und seine Spitzengeschwindigkeit beträgt 340 km/h. Beide Versionen haben Allradantrieb und ein e-Gear-Sechsganggetriebe.

Scannen Sie den QR-Code mit der Kamera Ihres Smartphones und genießen Sie dank eines exklusiv für dieses Buch gebauten Kamerawagens eine „Fahrt" mit dem Lamborghini Murcielago LP 650-4 Roadster.

BLANCPAIN
BLANCPAIN
BLANCPAIN
BLANCPAIN
PETRICORSE
IMPERIALE
PPG
IRELLI
22
22
24
REITER EN
BLANCPAIN

DER BEGINN DES SUPER TROFEO

2009, vier Jahre vor der Etablierung der Squadra Corse, wurde der Lamborghini Super Trofeo in Europa ins Leben gerufen. Protagonist dieser Markenmeisterschaft war der Lamborghini Gallardo, angetrieben vom V10-Motor mit 560 PS. Sein Mehrwert war der Allradantrieb, der von den Technikern der Squadra Corse für eine ausgezeichnete Traktion beim Verlassen der Kurve und hohe Stabilität auch bei schlechter Bodenhaftung optimiert wurde. Hinzu kam das perfekte Verhältnis aus Leistung, Zuverlässigkeit und Betriebskosten, eine Mischung, die dem Gallardo im Super Trofeo von Anfang an Triumphe sicherte. In den folgenden Jahren wurde die Veranstaltung ausgeweitet, erreichte 2012 Asien und im Jahr darauf Nordamerika. Angesichts dieses großen Erfolges bestand der nächste logische Schritt darin, ein ähnliches Projekt für GT3-Meisterschaften zu entwickeln.

2009

SESTO ELEMENTO

2010

Nicht einmal 1000 kg für 570 PS Leistung! Der Sesto Elemento, 2010 auf dem Pariser Autosalon vorgestellt, zeigt die Kompetenz von Lamborghini im Umgang mit Carbonfaser. Mit seinem unglaublichen Leistungsgewicht von nur 1,75 kg pro PS beschleunigt er von 0 auf 100 km/h in nur 2,5 Sekunden. Sein Name „Sechstes Element" geht auf das Periodensystem zurück, in dem Kohlenstoff die Ordnungszahl sechs hat. Das in nur 20 Exemplaren produzierte Fahrzeug beweist den Rang des Unternehmens an der Weltspitze der Technologie des kohlenstofffaserverstärkten Kunststoffs (CFRP). Lamborghini entwickelt diese Werkstoffe in seinen beiden Forschungszentren, dem ACRC (Advanced Composites Research Center) in Sant'Agata Bolognese und dem ACSL (Advanced Composite Structure Laboratory) in Seattle, in Kooperation mit der Universität Washington und der Boeing-Luftfahrtindustrie. Der vordere und der hintere Teil des Karosseriekörpers bestehen jeweils aus nur einem einzigen Stück. Die Ingenieure nannten es „cofango", eine Kombination aus „cofano", Haube, und „parafango", Kotflügel. Diese groß dimensionierten Komponenten sind mit Schrauben fixiert und daher leicht demontierbar. 1966 war der legendäre Lamborghini Miura einzigartig unter den Supersportwagen wegen der Heckabdeckung über dem Mittelmotor, die sich in einem Stück öffnen ließ.

GALLARDO LP 570-4 SUPERLEGGERA

Das Gesamtgewicht des Gallardo LP 570-4 Superleggera konnte durch den umfangreichen Einsatz von Carbonfaser im Vergleich zum Gallardo LP 560-4 noch um 70 kg reduziert werden. Das sportliche Supercar aus Sant'Agata Bolognese bringt ein Leergewicht von 1340 kg auf die Waage, und der V10-Motor mit 5,2 Litern Hubraum kommt auf maximal 570 PS, woraus sich ein Leistungsgewicht von 2,35 kg/PS ergibt. Auf der Straße erreicht der Superleggera eine Höchstgeschwindigkeit von 325 km/h und eine Beschleunigung von 0 auf 100 km/h in knapp 3,4 Sekunden.

2010

AVENTADOR

2011

DAS STECKT DRIN

Ein Monocoque aus Carbon, eine von der Formel-1 inspirierte Aufhängung im Push-rod-System, ein Sechseinhalb-Liter-V12-Motor mit 700 PS, Allradantrieb, ein vollautomatisches Getriebe und 350 km/h Höchstgeschwindigkeit: Der Lamborghini Aventador debütiert auf dem Genfer Auto-Salon 2011 und nimmt vorweg, was für das Unternehmen Leitlinie werden sollte. „Mit dem Aventador LP 700-4 wird die Zukunft unserer Supersportwagen Realität", verkündete seinerzeit der Präsident und CEO von Automobili Lamborghini, Stephan Winkelmann. Der Aventador LP 700-4 untermauerte mit seinem ersten Monocoque aus Carbon die führende Position des Unternehmens in Produktion und Entwicklung von Kompositstoffen. Lamborghini war das erste Unternehmen, dem es gelang, hochkomplexe Carbonelemente intern und in großer Zahl anzufertigen. Für das Carbon-Monocoque des Aventador wurden mehrere von Lamborghini patentierte Verfahren eingesetzt. Und es ist komplett, vereint also Fahrgastzelle, Boden und Dach in einem Stück und gewährleistet höchste strukturelle Stabilität. Auch die Personalisierung des Fahrstils hat sich weiterentwickelt. So bieten die Fahrmodi des Aventador LP 700-4 fünf verschiedene Schaltstile: drei manuelle (Straße, Sport und Rennen) und zwei automatische (Straße-auto und Sport-auto). Das Innenleben erscheint in einem völlig neuen Gewand: aufwendiger gestaltet, bequemer und besser ausgestattet im Vergleich zum Murciélago.

GALLARDO LP 550-2 VALENTINO BALBONI

Der zu Ehren des legendären Testpiloten der „Stiere" Valentino Balboni benannte Lamborghini Gallardo LP 550-2 ist etwas leichter und hat ausschließlich Hinterradantrieb. Seine um 10 PS reduzierte Leistung – daher die Bezeichnung 550-2 – wird mehr als kompensiert durch sein geringeres Gesamtgewicht von nur 1380 kg (der LP 560-4 bringt 1500 kg auf die Waage). So braucht er 3,9 Sekunden, um aus dem Stand auf 100 km/h zu beschleunigen und erreicht eine maximale Geschwindigkeit von 320 km/h. Er wurde lediglich in 250 Exemplaren hergestellt, alle mit einer nummerierten und von Balboni signierten Plakette. Die Mechanik ist dem neuen Antrieb angepasst, vor allem hinsichtlich der Federung, der Stoßdämpfer, der Stabilisatoren und der Reifen. Erhältlich ist er in acht verschiedenen Farben, darunter Monoceruswеiß, Nero Noctis, Ithacagrün und Borealisorange, und von der vorderen Motorhaube bis zum hinteren Spoiler verläuft ein weiß-goldener Streifen. Das gleiche helle Farbschema wiederholt sich im Innenraum, wo als Kontrast zu den schwarzen Lederpolstern ein Streifen in weißem Leder mittig über die Sitze verläuft und der Mitteltunnel mit polarweißem Leder bezogen ist. Valentino Balboni war 1967 von Ferruccio Lamborghini persönlich eingestellt worden. Ab 1973 testete er jeden Prototyp von Lamborghini und einen Großteil der Serienfahrzeuge, vom Countach über den Diablo, den Murciélago und den Gallardo bis zum Aventador.

2013

AVENTADOR ROADSTER

In der Roadster-Version des Aventador besteht das Dach aus zwei Elementen und wurde komplett aus Carbonfaser hergestellt. Damit geht er noch einen Schritt weiter als der Murciélago, der ein Faltdach aus Stoff hatte. Die Carbon-Technologie gewährleistet ein Höchstmaß an Ästhetik und Steifigkeit und ist gleichzeitig extrem leicht. So wiegt jedes Dachelement weniger als 6 kg und kann in einem speziellen Fach im Kofferraum verstaut werden, wenn man mit offenem Verdeck fahren will.

VENENO

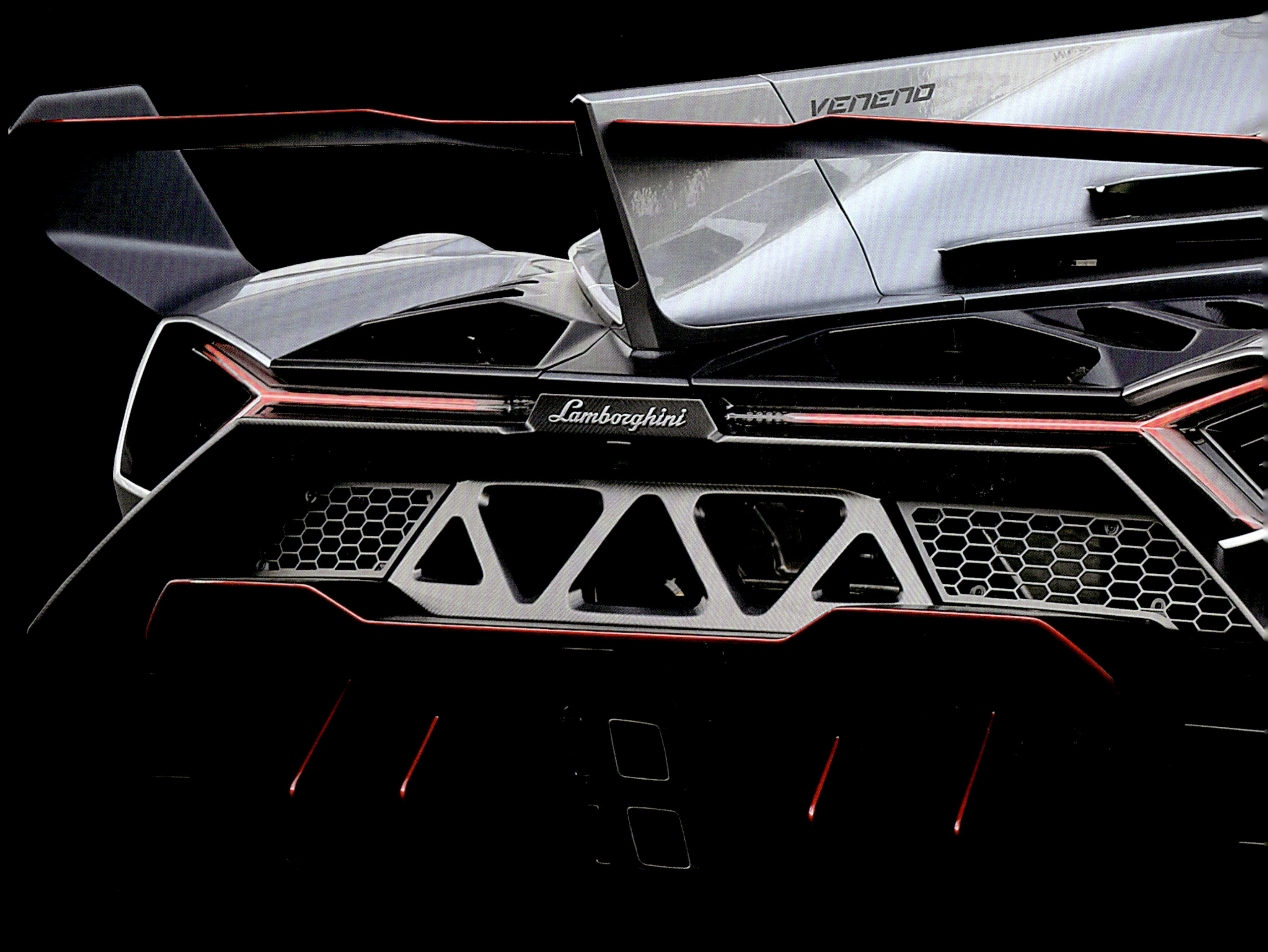

Genfer Auto-Salon 2013. Presse und Publikum bestaunen den Veneno, eine exklusive Kleinserie in den Versionen Coupé und Roadster, die anlässlich des 50. Geburtstags der Marke erscheint. Der Veneno gibt sich aggressiv, machtvoll und futuristisch. Angetrieben von einem unglaublichen Sechseinhalb-Liter-V12 mit 750 PS, erreicht der Veneno eine Höchstgeschwindigkeit von 355 km/h und beschleunigt in nur 2,8 Sekunden von 0 auf 100 km/h. Ihn zeichnen bei Lamborghini erstmals gesehene technische und aerodynamische Lösungen aus wie Monocoque, Fahrgestell und Karosserie ganz aus Carbonfaser, ein Siebengang-ISR-Getriebe mit fünf verschiedenen Fahrmodi und innovative Materialien wie Forged Composite (spezielle Kohlefaserstruktur) und die ebenfalls von Lamborghini entwickelte CarbonSkin. Ein zentrales Element an der Fronthaube ist über zwei Flügel mit den Radkästen verbunden, die für einen enormen Anpressdruck sorgen. Die beiden Schlitze, die die Luft vom vorderen Splitter in den oberen Bereich des Fahrzeugs leiten, haben einen sechseckigen Schnitt, und die Scheinwerfer deuten mit ihrer vertikalen Y-Form auf das Design der Zukunft voraus.

2013

BLANCPAIN
BLANCPAIN
JAKARTA
MAD-CROC
Racing
63
LAMBORGHINI
JAKARTA
PIRELLI
Lamborghini

DIE SQUADRA CORSE WIRD GEGRÜNDET

Angesichts der Notwendigkeit einer eigenen Abteilung für Wettkämpfe wird 2013 die Lamborghini Squadra Corse ins Leben gerufen, Ausgangspunkt für alle Markenmeisterschaften der „Stiere" und eine jährlich steigende Zahl von Aktivitäten. So plant und baut die Squadra Corse intern die Fahrzeuge für die Rennsport-Kunden von Lamborghini. Außerdem bietet sie ihnen die Möglichkeit, spezielle, am Einsatz auf der Rennstrecke orientierte persönliche Projekte zu entwickeln. Das erste One-off-Modell in der Geschichte der Motorsportabteilung war 2018 der SC18 Alston. Dieses gemeinsam mit dem Kunden und dem Centro Stile Lamborghini entworfene Einzelexemplar ist für die Straße zugelassen, aber vor allem für den Einsatz auf der Rennstrecke konzipiert. Das Fahrzeug zeichnet sich durch seine extreme, speziell für dieses Modell entwickelte Aerodynamik aus. Die Racing-Elemente beginnen bei den Lufteinlässen im Stil des Huracán GT3 EVO auf der Fronthaube. An den Seiten und am Heck fallen die vom Huracán Super Trofeo EVO inspirierten Kotflügel, Finnen und Luftansaugungen ins Auge. Ebenfalls 2018, 26 Jahre nach seinem letzten Gran Premio, kehrt der Minardi M191B, Chassis #003, auf die Rennstrecke zurück, ausgestattet mit dem Lamborghini-V12-Motor LE3512, der 1992 im Formel-1-Rennen zum Einsatz gekommen war: ein Fahrzeug, das schon damals die Fähigkeit der Lamborghini Squadra Corse vorwegnahm, Hochleistungsmotoren für den Einsatz auf der Rennstrecke zu produzieren.

2013

DIE GEBURT DES
HURACÁN

Genfer Salon 2014. Stephan Winkelmann enthüllt vor der Weltpresse den neuen Lamborghini Huracán. Der Nachfolger des Gallardo hat das Zeug zum meistverkauften Sportwagen in der Geschichte des Unternehmens. Der Huracán LP610-4 besitzt einen V10-Saugmotor mit 5,2 Litern Hubraum, 610 PS, 560 Nm Drehmoment mit Siebengang-Doppelkupplungsgetriebe und einen elektronisch gesteuerten Vierradantrieb. Er beschleunigt von 0 auf 100 in 3,2 Sekunden und von 0 auf 200 in 9,9 Sekunden, und seine Höchstgeschwindigkeit beträgt über 325 km/h. Er hat ein hybrides Fahrgestell aus Carbonfaser und Aluminium, sein Design zeigt klare, reine Formen, und für die Beleuchtung verlässt man sich ausschließlich auf LED-Technologie. Im Cockpit hält das virtuelle Instrumentenpanel mit 12,3 Zoll TFT-Display Einzug. Über einen Wahlschalter auf dem Lenkrad kann aus drei Fahrmodi (Straße, Sport und Rennen) ausgewählt werden. Dieses „ANIMA" (Adaptive Network Intelligent Management) genannte System wirkt sich auf den Motor, das Getriebe, den Allradantrieb, die elektronische Stabilitätskontrolle (ESC), die aktive Lenkung und das adaptive Fahrwerk aus. Bei der Serienausstattung fehlt auch nicht die Bremsanlage mit Bremsscheiben aus Carbon-Keramik.

2014

HURACÁN LP 610-4 SPYDER

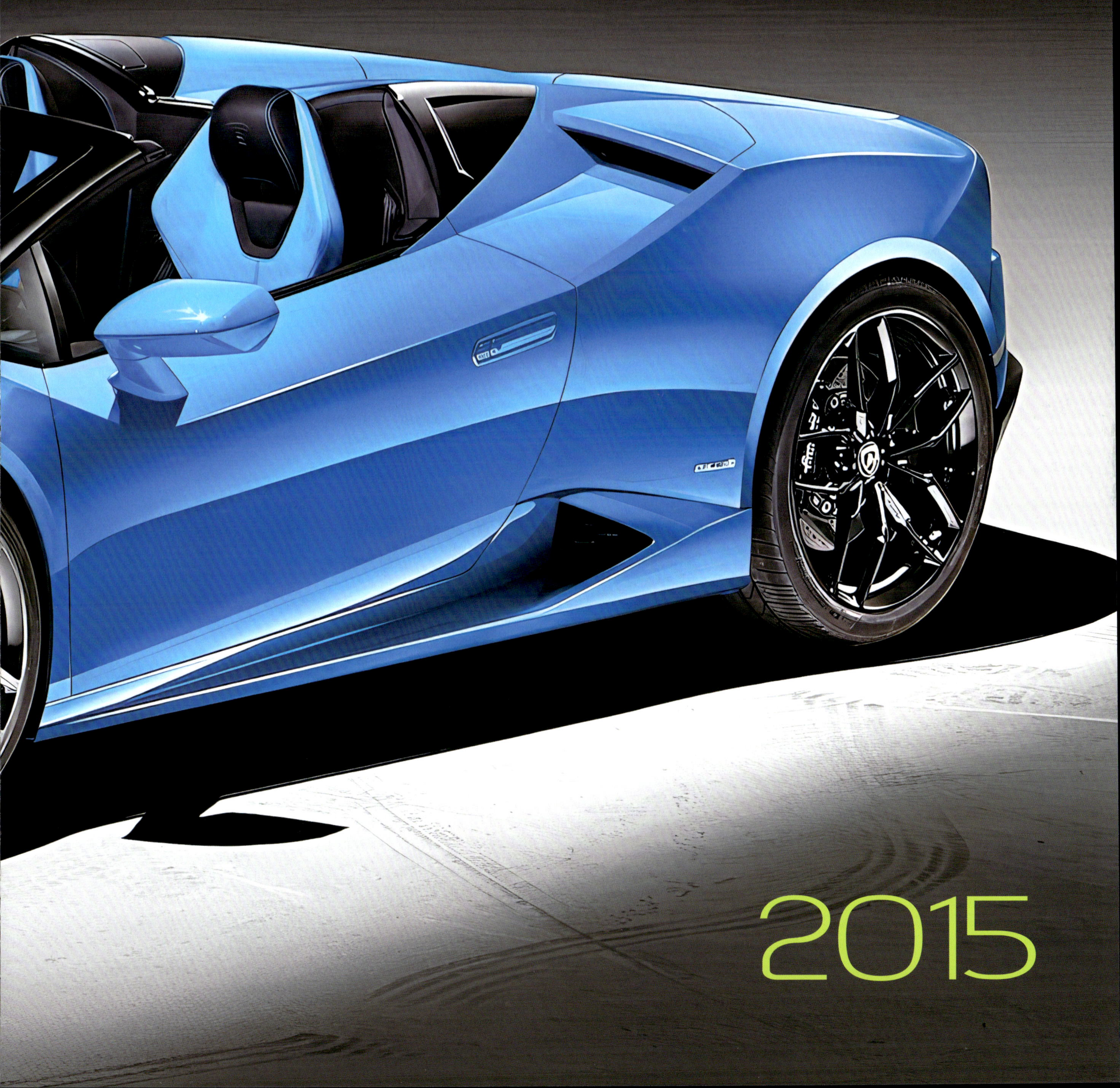
2015

Der neue Huracán Spyder, vorgestellt auf der 66. IAA in Frankfurt 2015, vereint die Dynamik des Coupés mit den Reizen des Fahrens unter freiem Himmel. Sein 5,2-Liter-V10-Saugmotor entwickelt eine Leistung von 449 kW (610 PS), er beschleunigt von 0 auf 100 km/h in nur 3,4 Sekunden und erreicht eine Spitzengeschwindigkeit von 324 km/h. Sein Verdeck aus leichtem Stoff ist mit einem elektrohydraulischen System ausgestattet, wie es sich für einen Spyder gehört. Der Huracán LP 610-4 Spyder bietet die neuen technischen Inhalte des MY 2016, darunter die Cylinder-on-demand-Technologie in Kombination mit dem Stop-and-Start-System, und einen völlig neuen elektronisch gesteuerten Allradantrieb, der das Fahrverhalten verbessert. Gemäß der Lamborghini-Tradition geht auch der Name auf die Welt des Stierkampfs zurück: Huracán hieß ein Kampfstier der spanischen Rasse „Conte de la Patilla", der im August 1879 in die Arena von Alicante stampfte. Sein unbeugsames Wesen machte ihn unbesiegbar.

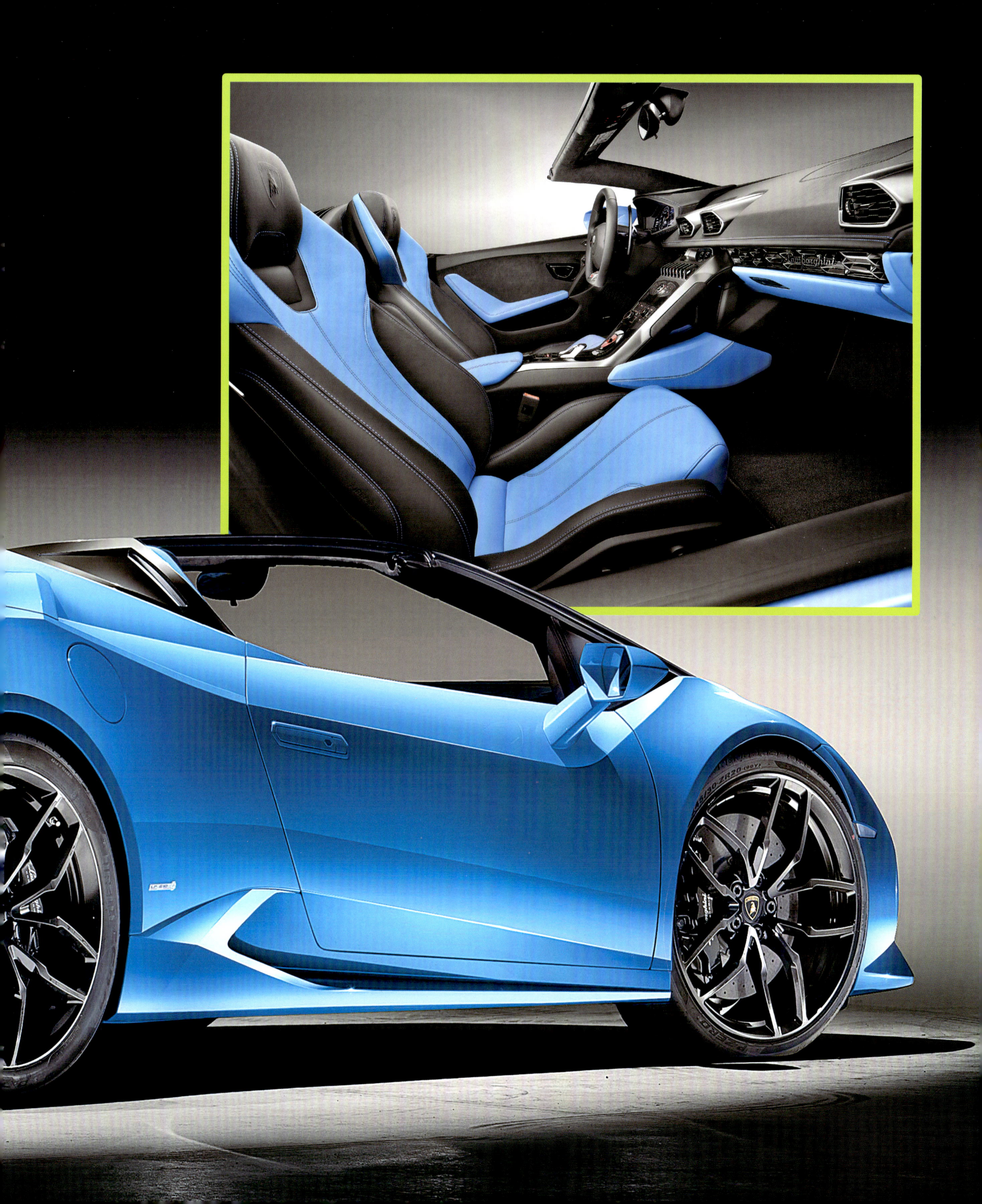

VOM DRITTEN MODELL BIS INS ELEKTRISCHE ZEITALTER

2015/2029

AUTOMOBILI
LAMBORGHINI

URUS SE
REVUELTO

STEPHAN WINKELMANN EBNET DEN WEG IN DIE ZUKUNFT

Stephan Winkelmann wurde am 18. Oktober 1964 in Berlin geboren und wuchs in Rom auf. Er studierte Politikwissenschaft in Rom und schloss sein Studium in München ab. 1991 begann er seine Laufbahn bei einem deutschen Finanzinstitut, arbeitete dann bei Mercedes-Benz, von 1994 bis Ende 2004 bei Fiat Auto und wurde Geschäftsführer von Fiat Österreich, Schweiz und Deutschland. Von 2005 bis 2016 war er Präsident und Geschäftsführer von Automobili Lamborghini S.p.A. Im März 2016 wurde er CEO von Quattro GmbH (heute Audi Sport GmbH), bevor er von Anfang 2018 bis November 2021 Präsident von Bugatti Automobiles S.A.S. war. Parallel dazu übernahm er am 1. Dezember 2020 das Amt als Präsident und Geschäftsführer von Lamborghini.

Woran erinnern Sie sich aus Ihrer Anfangszeit bei Lamborghini?

Ich habe zwei ganz unterschiedliche Erinnerungen. Mein erster Arbeitstag war im Januar 2005 am Stand von Lamborghini auf der Detroit Auto Show. Martin Winterkorn, der damalige Präsident der Audi AG, wollte mich eigentlich persönlich im Unternehmen vorstellen, aber weil er das nicht einrichten konnte, ließ er mich meine Karriere auf der Automesse am Stand von Lamborghini beginnen. Meine zweite Erinnerung ist mein erster wirklicher Arbeitstag. Als Winterkorn mich ins Unternehmen begleitete, stellte ich mich in einer Rede als Manager vor, auf Italienisch, nicht auf Deutsch. Für mich war das ein sehr bewegender Moment und für die anderen eine Überraschung, die Gutes für die Zukunft verhieß.

Worin bestanden von 2005 bis 2016 die wichtigsten Herausforderungen?

Die erste Herausforderung war, die Qualität und Verkaufsergebnisse des Gallardo zu verbessern. Wir verringerten die Produktionskapazität, um die Nachfrage zu erhöhen, und gleichzeitig optimierten wir die Qualität und die Leistungen des V10-Motors, sodass wir schnell sehr gute kommerzielle Ergebnisse erreichten. Neben gründlicher Marktanalyse haben wir an der Basisinvestition in die Produkte gearbeitet und uns mit der Idee der Derivate beschäftigt: nicht nur Spider und Facelift, sondern von Jahr zu Jahr immer etwas Neues entwickeln und kontinuierlich an der technologischen Innovation arbeiten. Denn es war klar, dass, wer eines unserer Autos kauft, sich einen Traum erfüllen will. Außerdem waren wir noch „Underdogs" und konnten uns auf eine klare Positionierung im Verhältnis zur Konkurrenz konzentrieren. Wir wollten in einer sehr spezifischen Marktnische beste Resultate erzielen, und das haben wir über ein Jahrzehnt lang getan, bevor der Urus kam.

Die Produktion des Urus in Sant'Agata war ein großer Erfolg für das Unternehmen. Erzählen Sie uns etwas über die Verhandlungen mit dem Team und der italienischen Regierung?

Die Idee des dritten Modells entstand sehr früh, und 2012 wurde der Urus Concept auf der Auto China Peking vorgestellt. Der Erfolg gab uns Sicherheit, obwohl der Investitionsaufwand hoch war, viele Personaleinstellungen und eine gründliche Neugestaltung des Unternehmens erforderte. Hinzu kam, dass es dem Team widerstrebte, in Italien ein Modell zu produzieren, das im Ausland günstiger herzustellen war. Aber für uns war klar, dass der Urus in Sant'Agata Bolognese entstehen musste, und wir haben unser Ziel schließlich erreicht, auch dank der Unterstützung durch die damalige italienische Regierung.

Nach der Erfahrung als Präsident von Audi Sport und von Bugatti sind Sie seit 2020 CEO und Geschäftsführer von Automobili Lamborghini. Was waren die ersten Ziele?

Ich bin im Dezember 2020 zurückgekommen, nach einer Zeit, die wegen der ersten Phase der Corona-Pandemie sehr kompliziert war. Mit Ausnahme des Urus war die Produktpalette alles andere als aktuell, und auch wenn sich der Aventador und der Huracán recht gut verkauften, war es wichtig, neue Projekte in die Wege zu leiten. Es gab damals auch eine tiefe Verunsicherung wegen Long Covid, man wusste nicht, ob sich der Markt erholen würde, doch gleichzeitig gab es den klaren Wunsch, ein viertes Modell herauszubringen. Die bewegendste Erinnerung meiner Rückkehr war der Empfang der Angestellten mit Standing Ovations, als ich ins Werk kam, und einem langen Applaus in der Kantine.

2021 haben Sie die Agenda „Direzione Cor Tauri" angekündigt, die sich auf den größten Investitionsplan in der Geschichte von Lamborghini stützt. Was sind die wichtigsten Punkte des Plans?

Die Agenda wurde erstmals 2021 angekündigt, und ihr folgte die bedeutendste Investition seit der Entstehung der Marke. Sie hat eine grundlegende, kontinuierliche Recherche zur

Zweckmäßigkeit und den Herausforderungen in Gang gesetzt, die durch die E-Antriebe auf uns zukommen. Herausforderungen, auf die wir 2003 mit dem Beginn der Hybrid-Antriebe geantwortet haben, als der Revuelto herauskam, das erste hybride Hochleistungs-Superauto. Ihm folgten 2024 der Urus SE Plug-in-Hybrid und der Temerario mit dem neuen V8-Motor. Außer der Elektrifizierung der Palette, die mit dem für 2029 erwarteten vierten, komplett elektrischen Modell abgeschlossen sein wird, sieht die Agenda Piano Direzione Cor Tauri vor, die CO_2-Emissionen bis 2030 um 40 % pro Fahrzeug (im Vergleich zu 2021) zu senken. Dieses Ziel betrifft die gesamte Produktion, umfasst den gesamten Lebenszyklus des Produkts und das Engagement der gesamten Belegschaft.

2023 wurde erstmals die Marge von 10.000 ausgelieferten Fahrzeugen überschritten. Was dürfen wir von der Zukunft erwarten?

Unser Hauptziel bleibt die Rentabilität der Fahrzeuge und der Wert der Marke, damit wir in die Zukunft und die technologische Innovation investieren können. Das ermöglicht uns, Fahrzeuge jenseits der Träume unserer Klientel herzustellen und dabei auf eine Produktion zu zählen, die einen hohen Restwert gewährleistet. Es gibt eine relativ lange Warteliste, aber die Wartezeiten entsprechen den Erwartungen der zukünftigen Besitzer.

Der Temerario hat die Erneuerung des Sportwagenangebots komplettiert. Gibt es einen Aspekt, der Sie besonders beeindruckt hat?

Wir haben ein Auto geschaffen, das alle Voraussetzungen erfüllt, eine Legende zu werden. Ich finde seine Form großartig, vor allem die Frontpartie und die Silhouette, an der er sofort erkennbar ist, und das Heck, das Persönlichkeit zeigt. Außerdem ist die Leistung des V8-Biturbo-Plug-in-Hybridmotors mit 920 PS und gut 10.000 Umdrehungen enorm. Bei den Motoren haben wir unkonventionelle Entscheidungen getroffen. Beim Revuelto haben wir den V12 beibehalten und im Temerario einen Acht- statt eines Sechszylinders montiert, was sich langfristig auszahlen wird.

DAS WERK WÄCHST UND WÄCHST

2015 ist es über 50 Jahre her, dass Ferruccio Lamborghini den Grundstein des Werks legen ließ. 1963 war die Keimzelle des Unternehmens in Sant'Agata Bolognese nach nur acht Monaten Bauzeit fertiggestellt. Ausgehend von 12.000 m^2 im Jahr 1966 wurde es danach Jahr für Jahr größer. Anfang des neuen Jahrtausends produzierte Lamborghini 296 Fahrzeuge und hatte 440 Angestellte. Im August 2001 waren die ersten Sanierungsmaßnahmen abgeschlossen. Ein neues Bürogebäude, ein zweistöckiges Museum und ein neuer Forschungs- und Entwicklungsbereich gehörten ebenso dazu wie Investitionen in die Montagestraßen und die Kantine mit einem Gesamtvolumen von 155 Millionen Euro. Am 25. Oktober 2002 wurde bekanntgegeben, dass zur Feier des 40. Jahrestags der Unternehmensgründung im Frühjahr 2003 das Centro Stile Lamborghini eröffnet werden sollte. Auf seinem Wachstumshoch 2003 nahm das Unternehmen eine Fläche von 100.000 m^2 ein, davon 28.900 überdacht, und produzierte 1305 Fahrzeuge. Von 624 Angestellten waren 145 im Bereich Forschung und Entwicklung beschäftigt. Im November 2008 begann die Erweiterung des Bereiches für die Endkontrolle der Fahrzeuge. Im Oktober wurde die integrierte Logistikplattform in einem eigenen Neubau eröffnet. Das neue Logistikzentrum nimmt 11.000 m^2 ein. 2011 debütierte der neue Aventador mit seinem innovativen Monocoque aus Carbonfaser, das auch dank der Gründung von CFK Lamborghini Carbon Production im Werk von Sant'Agata entwickelt und produziert werden konnte. Im selben Jahr wurde auch der Parco Lamborghini eröffnet, und 2012 entstanden ein neues Gebäude für die Prototyp-Entwicklung (Protoshop) und das Pre Series Center, das erste mehrstöckige Industriegebäude der Energieklasse A und N-ZEB (Net Zero Emission Building) in Italien. 2015 eröffnete Lamborghini die neuen Anlagen für Kraft-Wärme-Kopplung und Fernwärme, zwei der wichtigsten Maßnahmen, um das gesamte Werk als CO_2-neutral zertifizieren lassen zu können. Mit der Ankunft des dritten Modells, des Super-SUV Urus, vergrößerte sich das Unternehmen 2018 auf 160.000 m^2. Die Herstellung erfolgte auf ausdrücklichen Wunsch des Lamborghini-CEO Stephan Winkelmann in Sant'Agata Bolognese und wurde durch eine historische Vereinbarung zwischen der italienischen Regierung und der Region Emilia-Romagna gefördert. Der neue Produktionszweig umfasste die Montagelinie nur für den Urus, den Endbearbeitungsbereich für alle Modelle und das neue Bürogebäude mit LEED-Zertifizierungen in Platin. Auch eine neue Teststrecke mit verschiedenen Oberflächen speziell für SUV, ein neues Logistikzentrum, eine zweite Kraft-Wärme-Kopplungsanlage und der neue „Energy Hub" wurden eingeweiht. Das Produktionsmodell „Manifattura Lamborghini" wurde ins Leben gerufen, das für einen innovativen nachhaltigen Ansatz durch die Verbindung von Handarbeit und fortschrittlichsten Technologien steht. 2019 wurde die Lackieranlage für den Urus eingeweiht.

HURACÁN GT3

Der Huracán GT3, der erste in der GT-Meisterschaft eingesetzte Lamborghini, wurde intern von der Squadra Corse entwickelt. Im ersten Einsatzjahr nahm er an der Blancpain Endurance Series teil. Er hat ein hybrides Chassis aus Aluminium und Carbonfaser sowie einen FIA-konformen Überrollkäfig, der bis zum hinteren Teil des Fahrzeugs reicht. Im Frontbereich wurden mehrere Komponenten des Fahrgestells

verändert, um einen zentralen Hochleistungskühler für den Motor aufzunehmen. Im Heckbereich wurden Änderungen vorgenommen, um ein Racing-Getriebegehäuse bestmöglich zu positionieren, was zudem die aerodynamischen Eigenschaften verbesserte. Die Karosserie aus Kompositstoffen und die Aerodynamik wurden mit direkter Unterstützung durch den Ingenieur Giampaolo Dallara entwickelt. Der Huracán GT3 mit Hinterradantrieb hat einen V10-Motor mit Direkteinspritzung, der auf der Straßenversion basiert. Ein Steuergerät von Bosch Motorsport verwaltet die Daten, die Getriebesteuerung, die Kupplung und das TFT-Display am Armaturenbrett des Fahrzeugs.

2015

BLANCPAIN
Lamborghini
PIRELLI

HURACÁN LP 620-2 SUPER TROFEO

Sein Fahrgestell zeichnet sich durch die extreme Leichtigkeit des Überrollkäfigs aus, der unter 43 kg wiegt. Die Torsionssteifigkeit wurde im Vergleich zum Gallardo um 45 % verbessert. Sein Leergewicht beträgt 1270 kg, mit einer Gewichtsverteilung zwischen Vorder- und Hinterachse nach dem Schema 42/58 %. Von den mit Dallara Engineering entwickelten Veredelungen der Karosserie sind das Schnellbefestigungssystem für die Karosserieteile und die Einführung eines effizienteren Ölkühlers für Motor und Getriebe hervorzuheben. Der Huracán Super Trofeo übernimmt den 620-PS-V10-Motor mit Direkteinspritzung von der Straßenversion, gesteuert von einem elektronischen Getriebesteuergerät von Motec. Das Leistungsgewicht beträgt 2,05 kg/PS. Eine Neuerung ist der Hinterradantrieb, wie er bereits in den GT-Meisterschaften zum Einsatz kommt. Das Fahrzeug hat starre Elemente zur Befestigung der Antriebseinheit am Rahmen, eine Drei-Scheiben-Kupplung und ein speziell entwickeltes sequenzielles 6-Gang-XTrac-Getriebe.

2015

CENTENARIO

Der 2016 in Genf präsentierte Centenario („Hundertjahrfeier") erschien anlässlich des 100. Geburtstags von Unternehmensgründer Ferruccio Lamborghini. Es war das erste Modell, das unter Stefano Domenicali entstand, Geschäftsführer seit Februar des Jahres. Dieses in nur 40 Exemplaren (20 Coupés und 20 Roadster) produzierte Auto hat einen V12-Antrieb mit 770 PS, beschleunigt von 0 auf 100 km/h in 2,8 Sekunden und von 0 auf 300 km/h in 23,5 Sekunden. Die Spitzengeschwindigkeit liegt bei über 350 km/h. Die Karosserie besteht komplett aus Carbonfaser, ebenso das Monocoque und alle anderen Elemente des Wagenaufbaus. Sein Leergewicht beträgt nur 1520 kg, sein Leistungsgewicht 1,97 kg/PS. Sein aerodynamisches Design mit erweiterbarem Heckspoiler gewährleistet bei hohen Geschwindigkeiten einen höheren Anpressdruck. Die neu eingeführte Hinterachslenkung verbessert Stabilität und Wendigkeit, und über den Touchscreen bleibt man mit dem Infotainment-System und Apple CarPlay verbunden.

2016

TERZO MILLENNIO

Das Konzept „Terzo Millennio" („Drittes Jahrtausend") wurde vom Centro Stile Lamborghini unter der Leitung von Mitja Borkert, der Filippo Perini 2016 als Geschäftsführer ablöste, in Partnerschaft mit dem Massachusetts Institute of Technology (MIT) entwickelt. Es konkretisiert die planerischen und technischen Visionen von morgen, ohne die visuelle Anziehungskraft, die Performance und vor allem die Emotionen aus den Augen zu verlieren, die einen Lamborghini ausmachen. Ziel des Konzeptes ist es, die Zukunft des Supersportwagens an fünf verschiedenen Fronten in Angriff zu nehmen: Systeme zur Energiespeicherung, innovative Materialien, Antriebssystem, visionäres Design und Fahrgefühl. Die wichtigste Herausforderung für das Hypercar der Zukunft besteht darin, am Steuer eines Lamborghini auch weiterhin die Faszination eines 360°-Fahrerlebnisses zu garantieren. Die Reaktionsfähigkeit der E-Motoren, die Kontrolle des

Drehmoments des Allradantriebs und das dynamische Fahrwerkskontrollsystem werden das Fahrerlebnis ins dritte Jahrtausend katapultieren. Nicht zuletzt wird der konsequente und innovative, an Aerodynamik und Leichtigkeit orientierte Ansatz zu neuer longitudinaler und lateraler, heute in dieser Kombination bei Elektroautos noch unbekannter Dynamik führen. Eine weitere Innovation ist das virtuelle Cockpit mit Fahrassistenz durch einen virtuellen Experten.

2017

HURACÁN PERFORMANTE

Auf dem Genfer Salon 2017 zeigte sich der Lamborghini Huracán Performante als extremste Variante des V10-Coupés. Die Technik wurde gegenüber dem Basis-Huracán optimiert, aber ohne zu übertreiben: Der V10-Saugmotor mit 5200 cm^2 bietet 30 PS mehr, insgesamt bis 640 PS, und 40 Nm zusätzliches Drehmoment. Allradantrieb und Siebengang-Doppelkupplungsgetriebe wurden beibehalten. Am Heck fallen die höher gelegten Auspuffendrohre ins Auge, die im unteren Teil Platz für den Diffusor lassen, an den Seiten tauchen neue Lufteinlässe und ein dreifarbiger Streifen an den Türen auf. Die Hauptinstrumentierung führt jeweils neue Grafiken in Abhängigkeit vom Fahrmodus ein. Das Gewicht reduziert sich um 40 auf insgesamt 1382 kg. Neu sind auch die Elemente aus Forged Composite, einem Material, das für die Spoiler, die Motorhaube, die hintere Stoßstange und den Diffusor verwendet wurde und komplexere Formen zulässt als Carbonfaser. Auch die Aerodinamica Lamborghini Attiva (ALA) hält Einzug, eine Technik, die entwickelt wurde, um den Anpressdruck in Abhängigkeit von den Leistungen zu nutzen. Die „Flaps" im vorderen Spoiler und im hinteren Bereich haben bewegliche Teile mit integrierten Elektromotoren, kontrolliert von der Inertial-Plattform (LPI), die den Anstellwinkel entsprechend dem Input der Bordgeräte in weniger als 500 Millisekunden ändern kann.

2017

URUS

2017

DAS STECKT DRIN

Der am 4. Dezember 2017 vorgestellte Urus besetzt eine neue Marktnische: ein Maxi-SUV mit den Leistungen eines Superautos. Er punktet mit Fahrkomfort und Innovationen, wie sie an Modellen auf hohen Rädern noch nicht gesehen wurden. Dank seines 4.0-V8-Motors beschleunigt er von 0 auf 100 km/h in 3,6 Sekunden und erreicht 305 km/h Höchstgeschwindigkeit. Der „ANIMA"-Wahlschalter erlaubt es problemlos, vom Rand der Rennstrecke ins freie Gelände zu wechseln. Durch seine Länge von 5112 mm steht dem Urus ein Platz im Segment der Maxi-SUV zu, doch wegen seiner Höhe von nur 1638 mm wirkt der neue „Stier" dynamisch und insgesamt kompakter. Das Design bringt Zitate aus der Vergangenheit auf die Straße, darunter die diagonalen Linien, die zuerst am Countach verwendet wurden. Im vorderen Bereich fallen die horizontal angeordneten Lichter auf, die mit LED-Scheinwerfern in der für Lamborghini typischen Y-Form ausgestattet sind, im hinteren Bereich das markant geformte Fließheck. Die sechseckigen Radkästen sind ein wichtiges Detail des Designs, inspiriert vom LM002 und dem Countach, und nehmen Leichtmetallfelgen mit 21, 22 oder 23 Zoll auf. Wegen des Radstands von über drei Metern finden im Innenraum bis zu fünf Personen bequem Platz, oder vier, wenn man sich für Einzelsitze entscheidet. Beim Öffnen der Heckklappe, automatisch und per „Fußkommando", steht man vor einem Stauraum mit 616 Litern Fassungsvermögen, erweiterbar auf 1596 Litern, wenn man

die hintere Sitzreihe umklappt. Für Infotainment sorgt das Lis-III-System mit vernetzter Sprachsteuerung. Außer den beiden Touchscreens fällt die vollständig personalisierbare TFT-Instrumentierung auf, die bei der Auswahl von „Rennen" mittels des ANIMA-Wahlschalters eine definitiv rasante Grafik anzeigt. Der auf der MLBevo-Plattform gebaute Urus wird von einem 4,0-Liter-V8-Biturbomotor mit 650 PS und 850 Nm maximalem Drehmoment angetrieben, die bei 2250 U/min zur Verfügung stehen. Trotz seiner Größe bleibt das Gesamtgewicht des Urus unter 2200 kg, das Leistungs-

gewicht beträgt 3,38 kg/PS. Zum Fahrkomfort trägt auch das Hinterrad-Lenksystem bei (RWS, Rear Wheel Steering), das beim Aventador S eingeführt wurde und bei allen Nutzungen des Autos verfügbar ist. Der Lenkwinkel der Hinterachse kann bis zu +/- 3 Grad variieren, je nach Geschwindigkeit des Fahrzeugs und ausgewähltem Fahrmodus. Das Bremssystem ist serienmäßig vorn mit Carbon-Keramik-Scheiben (CCB) der Größe 440x40 Millimeter und zehn Kolben, hinten mit 370x30-mm-Scheiben ausgestattet; der Urus braucht nur 33,7 Meter, um bei 100 km/h zum Stehen zu kommen.

Der Charakter des Fahrzeugs kann über Tamburo, den Wahlschalter unter dem Klimatisierungsbildschirm, verändert werden. Mittels ANIMA-Wahlschalter kann über die Optionen Straße, Sport, Rennen und Schnee die entsprechende Fahrdynamik ausgewählt werden. Optional stehen für Off-Road-Fahrten auch zwei weitere Modi zur Verfügung: Erde und Sand.

2017

EINBLICKE INS NEUE WERK

Mit der Ankunft des Urus musste die Marke aus Sant'Agata Bolognese hinsichtlich Produktionsfläche, Mitarbeiter und Technologien expandieren und ein Unternehmen 4.0 schaffen. Den ersten Lamborghini-SUV zu produzieren bedeutete, insgesamt über 700 Millionen Euro in die Verdoppelung der bebauten Fläche von 80.000 auf 160.000 m^2 zu investieren. Einer der interessantesten Aspekte ist der Zeitplan für die Erweiterung auf 150.000 m^2 mit dem Bau der neuen

Montagelinie für den Urus, des neuen Endbearbeitungsbereichs für alle Modelle, der Teststrecke speziell für SUV, des Logistiklagers, einer zweiten Trigenerationsanlage, eines kleinen Bürogebäudes mit Leed-Zertifizierung in Platin und des neuen Zentrums für die zentrale Produktion aller Energieträger. Dies wurde durch den Einsatz von 3600 externen Arbeitskräften in nur 18 Monaten möglich. Die Montagelinie für den Urus wurde gemäß dem Ansatz Industrie 4.0 gestaltet und integrierte neue Produktionsverfahren in die Arbeitsabläufe. Die „Manifattura Lamborghini" genannte Linie stützt sich auf vier Grundprinzipien: Handwerk, Kompetenz und Spezialisierung, Ergonomie und Sicherheit sowie Produktionsprozesse. Dieser veränderte Ansatz führte zu Neuerungen in der Produktion, angefangen bei Robotern, die den Menschen zur Seite stehen, um die Ergonomie und die Abläufe sich wiederholender, hochpräziser Arbeiten wie des Verschraubens unter der Karosserie, des Einklebens von Fenstern und der Montage der Räder zu verbessern. Neu war auch die Einführung einer umfassenderen Digitalisierung über Touchscreen-Vorrichtungen und die Nutzung von AGV (Automatic Guided Vehicles) für den Transport von Fahrzeugen und Material. Natürlich wurde große Sorgfalt auf die manuellen Bearbeitungen verwendet, wodurch sich auch das Personalisierungsniveau erhöhte. Hinzu kamen noch die 10.000 Quadratmeter für die neue Lackierabteilung. Für die Produktion des ersten SUV von Lamborghini wurde die Gesamtzahl der Angestellten auf insgesamt 1500 Personen erhöht, doppelt so viele wie zehn Jahre zuvor.

2017

MIT DEM URUS DURCH ISLAND. EIN LAMBORGHINI-ERLEBNIS

Eine fast 1000 Kilometer lange Reise am Steuer des Urus, des ersten SUV von Lamborghini. Die Faszination Islands entdecken zwischen Mondlandschaften, Lavafeldern, die bis zum Horizont reichen, und Gletschern, die sich unter unseren Augen bewegen: Island ist ein magischer Ort. Auf 100 Kilometern kann es dich durch alle Jahreszeiten führen, vom Sonnenschein, der das Moos auf den Bergen leuchten lässt, bis zum heftigen Schneegestöber. Unser Abenteuer in dem Land, das von den Wikingern entdeckt wurde, beginnt bei der Blauen Lagune. An Bord des Urus fahren wir am Kleifarvatn entlang, einem tiefen Becken vulkanischen Ursprungs, auf dessen Grund der Volkssage nach ein Ungeheuer lebt, das einem Wurm ähnelt, aber groß ist wie ein Wal. Aufmerksam folgen wir der Spur im Sand – in Island wird sehr auf den Schutz der Umwelt geachtet; abseits der vorgegebenen Wege zu fahren, ist verboten – und kommen wenige Meter vor der Küste zum Halten. Von hier aus geht es weiter an einen für Island besonders charakteristischen Ort, den schwarzen Gletscher Kötlujökull. Um ihn zu erreichen, wird der ANIMA auf Terra (Erde) eingestellt, perfekt für die Fahrt durch Furten und für anspruchsvolle Passagen. In der Praxis verändern die verschiedenen Einstellungen den Charakter des SUV aus Sant'Agata radikal und machen aus einem Fahrzeug, das in Höchstgeschwindigkeit über die Rennstrecke rast, einen regelrechten Geländewagen.

AVENTADOR SVJ

SVJ bedeutet Superveloce Jota, der Beiname, unter dem der Lamborghini Aventador zum schnellsten Serienwagen auf der historischen Nürburgring-Nordschleife wurde: Er absolvierte den 20,6 Kilometer langen Ring in nur 6 Minuten, 44 Sekunden und 97 Zehntelsekunden. Der Aventador SVJ hat 770 PS, beschleunigt von 0 auf 100 km/h in nur 2,8 Sekunden. Auch in ihm ist eine Vierradlenkung verbaut. Für besseres Fahrverhalten und höhere Leistungen wurden außerdem die ALA (Aerodinamica Lamborghini Attiva) 2.0 und eine verbesserte LDVA (Lamborghini Dinamica Veicolo Attiva) der zweiten Generation eingeführt. Das von Lamborghini patentierte ALA-System tauchte erstmals beim Huracán Performante auf und wurde, neu kalibriert, beim Aventador SVJ zur ALA 2.0. Gleichzeitig wurde das Design der Lufteinlässe und der aerodynamischen Kanäle neu definiert. Der ab 2019 in 900 verkauften Exemplaren produzierte SVJ adelt mit seinen Leistungen auf der Rennstrecke die Geschichte des Aventador.

2018

LAMBORGHINI HURACÁN EVO

Der Lamborghini Huracán EVO, eine Weiterentwicklung des Modells von 2014, ist viel mehr als das klassische Restyling auf dem Höhepunkt der Karriere. Die wichtigsten ästhetischen Änderungen konzentrieren sich auf den hinteren Bereich, während die Front dem Vorgängermodell sehr ähnlich sieht. Im Innenraum wurde ein großer Touchscreen mit vertikalem Layout eingeführt, um das neue Human-Machine-Interface (HMI) zu steuern. Unter der Motorhaube befindet sich ein

5,2-Liter-V10. Angelehnt an den Antrieb des Huracán Performante und kombiniert mit der neuen, leichteren Abgasanlage erbringt dieser Motor eine Leistung von 640 PS bei 8000 U/min, mit einem maximalen Drehmoment von 600 Nm bei 6500 U/min. Die erneuerte Aerodynamik, zu der ein vorderer Splitter mit integriertem Flügel gehört, hat das Gleichgewicht und die Effizienz des Fahrzeugs verbessert sowie die Motorkühlung um 16 % erhöht. Neu eingeführt wurde die Lamborghini Dinamica Veicolo Integrata (LDVI), eine zentrale Recheneinheit, die in Kombination mit den vier lenkbaren Rädern jeden Aspekt des Fahrzeugverhaltens steuert, dynamische Systeme integriert, Aktionen des Fahrers antizipiert und in die beste Fahrdynamik übersetzt. Das Kürzel LPI steht für die Lamborghini Inertial-Plattform, ein Netz aus Beschleunigungs- und Gyroskopsensoren, das in Höhe des Fahrzeugschwerpunktes positioniert ist und im EVO zur Version 2.0 weiterentwickelt wurde. Ein neues, innovatives Kontrollsystem in Kombination mit Allradantrieb und Torque Vectoring sorgt dafür, dass der Antrieb bei Bedarf auf nur ein Rad gerichtet werden kann. Wer für die Rennstrecke brennt, kann über den Touchscreen ein optionales Telemetrie-System mit zwei Kameras aktivieren.

2018

SIÁN FKP 37

Der Lamborghini Sián debütierte 2019 auf der Frankfurter Automobilausstellung. Der Sián ist der erste in Sant'Agata produzierte Hybrid-Supersportwagen und trägt den Beinamen FKP 37 zu Ehren des 1937 geborenen Ferdinand Karl Piëch, der bei der Übernahme von Automobili Lamborghini durch Audi im Jahr 1998 eine Schlüsselrolle spielte und von 1993 bis 2002 Vorstandsvorsitzender von Volkswagen war. Die Kombination aus thermischer und elektrischer Leistung erbringt 819 PS, damit weist der Sián FKP 37 bei seiner Erstvorstellung das niedrigste Leistungsgewicht aller V12-Fahrzeuge auf, beschleunigt mit Pirelli-P-Zero-Reifen in weniger als 2,8 Sekunden von 0 auf 100 km/h und erreicht eine Höchstgeschwindigkeit von mehr als 350 km/h. Zu seinen besonderen Merkmalen gehört die weltweit erstmalige Verwendung eines Hybrid-Superkondensators.

2019

PIRELLI
P ZERO

IM COCKPIT DES HURACÁN EVO

Die Sonne geht unter, 495 Flutlichter sind eingeschaltet und vor mir liegen die mehr als fünf Kilometer der Rennstrecke von Al Sakhir. Ich bin in Bahrain, um den neuen Lamborghini Huracán EVO zu fahren: Der vom Huracán Performante übernommene 5,2-Liter-V10-Saugmotor, 640 PS, eine Höchstgeschwindigkeit von mehr als 325 km/h, Allradlenkung, Allradantrieb, ein vernetztes Cockpit und das LDVI-System (Lamborghini Dinamica Veicolo Integrata), das die Entscheidungen des Fahrers voraussieht. Diese mit der Allradlenkung gekoppelte Zentraleinheit steuert jeden Aspekt des Fahrzeugverhaltens unter Berücksichtigung der gewählten Einstellungen, um die Wünsche des Fahrers in die beste Fahrdynamik umzusetzen. Dies ist möglich dank des Steuergeräts, das alle 20 Millisekunden jeden Parameter des Fahrzeugs auswertet und neu berechnet, sodass die Komponenten wie die Inertial-Plattform 2.0, die Allradlenkung, das Torque Vectoring, die verbesserte Dynamiklenkung und die magnetorheologischen Stoßdämpfer LMR 2.0 bestmöglich zusammenarbeiten. Die Änderungen im Vergleich zum Huracán von 2014 gehen über ein reines Restyling hinaus: Die Leistungssteigerung auf der Straße wurde kombiniert mit einem in den „Stieren" noch nie da gewesenen Bedienkomfort. Der neue EVO (kurz für „Evoluzione", Entwicklung) ist enorm schnell geworden, einfach zu fahren und passt sich dem über den ANIMA-Wahlschalter am Lenkrad einstellbaren Fahrmodus an. Mit der Wahl zwischen Straße, Sport und Rennen ändert der neue Lamborghini seinen Charakter radikal und wird vom komfortablen Supersportler für den Alltag zum idealen Fahrzeug für die Verbesserung der Rundenzeiten auf der Rennstrecke. Das neue Design ist funktional und leistungsorientiert, angefangen bei der überarbeiteten Aerodynamik, die die Balance des Fahrzeugs verbessert. Vorn sorgt der neue Splitter mit integriertem Spoiler für mehr Abtrieb, am Heck sind ein hängender Spoiler und ein neuer Diffusor hinzugekommen, um die aerodynamische Luftführung sowie die Gesamtbalance zu verbessern. An der Fahrdynamik wurde noch intensiver gearbeitet, und abgerundet wird die Liste der Neuerungen durch das neue Human Machine Interface (HMI), das sich vom alten Infotainmentsystem im Audi-Stil verabschiedet und einem 8,4-Zoll-Touchscreen im Hochformat Platz macht. Er macht den EVO zu einem wirklich vernetzten Fahrzeug, denn er bietet über Gestensteuerung, Online-Navigation, Apple-CarPlay-Konnektivität sowie ein optionales Telemetriesystem mit erweiterten Aufzeichnungsfunktionen, verbesserter Datenanalyse und zwei Kameras die volle Kontrolle über das Fahrzeug. Auf der für die Formel 1 konzipierten Piste fahre ich mit einer Geschwindigkeit, die ich mir nicht hätte vorstellen können, und der Huracán EVO befolgt jede meiner Anweisungen. Der Sound des V10-Saugmotors ist eine echte Wucht, und im Sport-Modus gönne ich mir sogar ein paar malerische Runden. Schalte ich in den Modus Rennen, nimmt die Geschwindigkeit zu, und immer wenn ich vom Gas gehe, danke ich den Fähigkeiten des Carbon-Keramik-Bremssystems.

HURACÁN EVO RWD SPYDER

Wie die Coupé-Version bringt auch der Lamborghini Huracán EVO RWD Spyder Elemente wie die zentral über das LDVI-System (Lamborghini Dinamica Veicolo Integrata) gesteuerte Allradlenkung, die innovative Lamborghini Inertial-Plattform (LPI) und über einen 8,4-Zoll-Touchscreen und vernetzte Umgebung neue Konnektivitätsdienste auf die Straße. Der neue Stoßfänger vorn bietet durch den Frontsplitter und vergrößerte Lufteinlässe eine verbesserte Aerodynamik. Neue Elemente am Heck sind der Flügel und die beiden Rohre des Sportauspuffs, die oben im hinteren Stoßfänger positioniert sind. In geschlossenem Zustand fügt sich das leichte Verdeck perfekt in die Silhouette des Fahrzeugs ein. Die Überrollbügel sind einziehbar und entriegeln automatisch. Das leichte, elektrohydraulisch betätigte Verdeck lässt sich bis zu einer Geschwindigkeit von 50 km/h auf Knopfdruck in nur 17 Sekunden öffnen. Beim

Schließen treten zwei Flossen in Karosseriefarbe aus dem Verdeckkasten und verlängern in ihrer endgültigen Position die Dachlinie nach hinten. Ein zwischen den Finnen integrierter Kanal reduziert die Turbulenzen über dem Fahrgastraum bei geschlossenem Verdeck. Der 5,2-Liter-V10-Saugmotor des Coupés erbringt 640 PS (470 kW) bei 8000 U/min und 600 Nm Drehmoment bei 6500 U/min. Mit einem Gewicht von 1542 kg erreicht er ein Leistungsgewicht von 2,41 kg/PS und schafft den Sprint von 0 auf 100 km/h in 3,1 Sekunden und von 0 auf 200 km/h in 9,3 Sekunden. Der Bremsweg von 100 km/h bis zum Stillstand beträgt nur 32,2 m, die Höchstgeschwindigkeit liegt bei 325 km/h.

2020

ESSENZA SCV12

Ein echtes Hypercar, gebaut, um ohne Beschränkungen durch internationale Reglements eine maximale Leistung auf der Rennstrecke zu gewährleisten. Das ist der neue Essenza SCV12, das erste Auto, das komplett von der Lamborghini Squadra Corse entwickelt und zusammen mit dem Centro Stile in Sant'Agata entworfen wurde. Mit einer Stückzahl von nur 40 Exemplaren und einem Preis von 2,6 Millionen Euro ist es etwas für wohlhabende Enthusiasten, die sogar bereit sind, einen sechsstelligen Betrag zu zahlen,

um den leistungsstärksten je von Lamborghini entwickelten 12-Zylinder-Saugmotor auf der Rennstrecke zu fahren. Dank der dynamischen Turboaufladung erreicht er eine Leistung von mehr als 830 PS. Die in Zusammenarbeit mit Capristo entwickelten Auspuffendrohre verringern den Gegendruck, verbessern dadurch die Leistung und betonen den einzigartigen Sound des Motors.

Das XTrac-6-Gang-Getriebe ist quer an der Hinterachse verbaut und mit dem Hinterradantrieb gekoppelt. Die Pushrod-Aufhängung hinten ist direkt auf dem Getriebe installiert, während das Leistungsgewicht dank des innovativen Monocoque-Chassis aus Carbon ohne Stahlüberrollkäfig bei 1,66 kg/PS liegt. Spezielle Pirelli-Slicks, die auf 19-Zoll-Magnesiumfelgen vorn und 20-Zoll-Felgen hinten montiert sind, vervollständigen zusammen mit einem von Brembo Motorsport entwickelten Bremssystem das Bild. Das Design des Essenza SCV12 ist das Ergebnis der kreativen Arbeit des Lamborghini Centro Stile, das seit der Gründung der Squadra Corse alle Rennwagen aus Sant'Agata Bolognese entworfen hat. Die Karosserie besteht aus nur drei Elementen, um einen schnellen Austausch beim Boxenstopp zu ermöglichen. Die Aerodynamik sorgt für einen Wirkungsgrad und einen Abtrieb, die mit einem Wert von 1200 kg bei 250 km/h dem eines GT3-Fahrzeugs überlegen sind.

MIT DEM ESSENZA SCV12 AUF DER PISTE

Auf den vier Kilometern der Rennstrecke von Vallelunga möchte der Essenza SCV12 sein ganzes Potenzial zeigen. Es ist mehr als eine normale Probefahrt, denn ich darf die Erfahrung von 40 glücklichen, wohlhabenden Besitzern teilen, die bereit sind, einen Scheck über 2,6 Millionen Euro zu unterschreiben, um ein in Sant'Agata Bolognese noch nie da gewesenes Hypercar zu fahren. Denn es handelt sich dabei nicht um eine spezielle Version des Aventador, sondern um das technologische Manifest, wie Lamborghini den V12-Saugmotor in seiner maximalen Auslegung versteht, in Kombination mit einer Karosserie, die nach jeder Menge Arbeit im Windkanal entstanden ist. Der Essenza SCV12, in dessen Namen die für die Entwicklung und Herstellung verantwortliche Squadra Corse (SC) steckt, ist auf dem Papier entstanden. Ziel war es, die bestmögliche Performance mit einer einfachen Handhabung zu kombinieren, die sich auch für Gentleman-Fahrer eignet. Tatsächlich wurde das Hypercar ohne Berücksichtigung irgendwelcher Vorschriften oder Zulassungen entwickelt, führte jedoch weltweit erstmalig Neuheiten wie das Monocoque-Chassis aus Carbon ein, das von der FIA als Ersatz für den traditionellen Überrollbügel zugelassen wurde. Dazu gehört außerdem die Mitgliedschaft im exklusiven „Club Essenza SCV12", für den die Marke mit dem Stier einen Rundum-Service bietet. Die technische Einweisung übernimmt ein außergewöhnlicher Tutor: der fünffache Sieger der 24 Stunden von Le Mans Emanuele Pirro. Er erinnert daran, dass die Leistung dank der natürlichen Aufladung 830 PS übersteigt, ruft das mit dem Hinterradantrieb gekoppelte XTrac-6-Gang-Getriebe in Erinnerung, die hintere Schubstangenaufhängung, die direkt auf dem Getriebe installiert ist, das Leistungsgewicht von 1,66 kg/PS und die rekordverdächtige Aerodynamik, die einen Abtrieb von 1200 kg bei 250 km/h garantiert. Das neue Lenkrad im Formel-1-Stil birgt einen wahren Schatz an Knöpfen, Tasten und Einstellungsmöglichkeiten, mit denen sich der Charakter des Wagens je nach Streckenbeschaffenheit und den Fähigkeiten des Fahrers verändern lässt. Sobald ich im Auto sitze, stellen die Mechaniker meine Sicherheitsgurte und meine Sitzposition ein, während Pirro mir zeigt, wie ich am Lenkrad die Einstellungen ändern kann. Der Streckeningenieur gibt grünes Licht, und ich verlasse die Box, ohne mir Gedanken über den Wert des Autos zu machen, konzentriere mich stattdessen auf die Reaktionen der Pirelli-Slicks und die Bremskraft des serienmäßigen Carbon-Keramik-Brembo-Systems. Die ersten fünf Runden sind von Vorsicht geprägt und dienen dem Kennenlernen dieses „Raumschiffs auf vier Rädern", was jedoch durch das alles in allem einfache Handling unterstützt wird, sodass ich Pirros Aussage bestätigt finde: „Das Auto passt sich den Wünschen des Fahrers an." Als ich die berühmte Curvone von Vallelunga durchfahre, schenkt mir die in Zusammenarbeit mit Capristo entwickelte Auspuffanlage einen hochemotionalen Sound, den man in der Welt des Motorsports immer seltener findet. Bei der zweiten Session beachte ich die Ratschläge von Pirro und schaffe es tatsächlich, die gestoppte Zeit um ein paar Sekunden zu senken.

LAMBORGHINI ESSENZA SCV12 CLUB

Ein exklusiver Club mit Zugang zu speziellen Angeboten, um das eigene Hypercar auf den prestigeträchtigsten Rennstrecken der Welt zu fahren. Die Mitgliedschaft beinhaltet die Unterbringung in einem neuen Hangar, der in Sant'Agata Bolognese speziell für den Essenza SCV12 Club gebaut wurde. Jedes Auto hat hier eine eigene maßgeschneiderte Garage, die mit speziellen Services ausgestattet ist, wie z. B. einer Webcam, über die der Kunde sein Auto mittels einer App 24 Stunden am Tag im Blick haben kann. Im Gebäude befindet sich außerdem das „Lamborghini Squadra Corse Drivers Lab" von TecnoBody, das eine sportliche Ausbildung anbietet, die den von den offiziellen Lamborghini-Fahrern

absolvierten Programmen ähnlich ist. Zusätzlich zu den direkt von Lamborghini organisierten Veranstaltungen bietet die Mitgliedschaft im Essenza SCV12 Club eine Reihe von individuell gestalteten Aktivitäten wie die Wahl der Strecke, des Zeitraums und des Fahrprogramms, Fahrzeuglogistik von Tür zu Tür, Einzel-Coaching, technisches Briefing, einen eigenen Ingenieur für Telemetrie und Konfiguration, ein persönliches Team von Mechanikern, Concierge-Service für Unterkunft und Transfers sowie Ersatzteilservice an der Strecke. Die Liste der vom Essenza SCV12 Club genutzten Rennstrecken ist lang, darunter Spa-Francorchamps, Paul Ricard, Nürburgring, Barcelona, Imola und Vallelunga.

HURACÁN STO

„Super Trofeo Omologata" – das bedeutet, einen Lamborghini Huracán zu einem Rennwagen mit Straßenzulassung zu machen. Der STO mit Heckantrieb und einem Siebengang-Doppelkupplungsgetriebe wird von einem V10-Saugmotor mit 640 PS angetrieben. In enger Anlehnung an die Rennfahrzeuge übernimmt er vom Huracán Super Trofeo EVO den in den Heckflügel integrierten NACA-Kanal, der als Lufteinlass für den Motor dient. Der STO wurde im November 2020, am Tag der Rückkehr von Stephan Winkelmann in die Geschäftsführung, vorgestellt und verkörpert den Grundsatz, dass bei Lamborghini das Design immer der Funktion folgt, der bei von einem Rennwagen inspirierten Wagen erst

2020

STO

Lamborghini
HURACÁN
STO

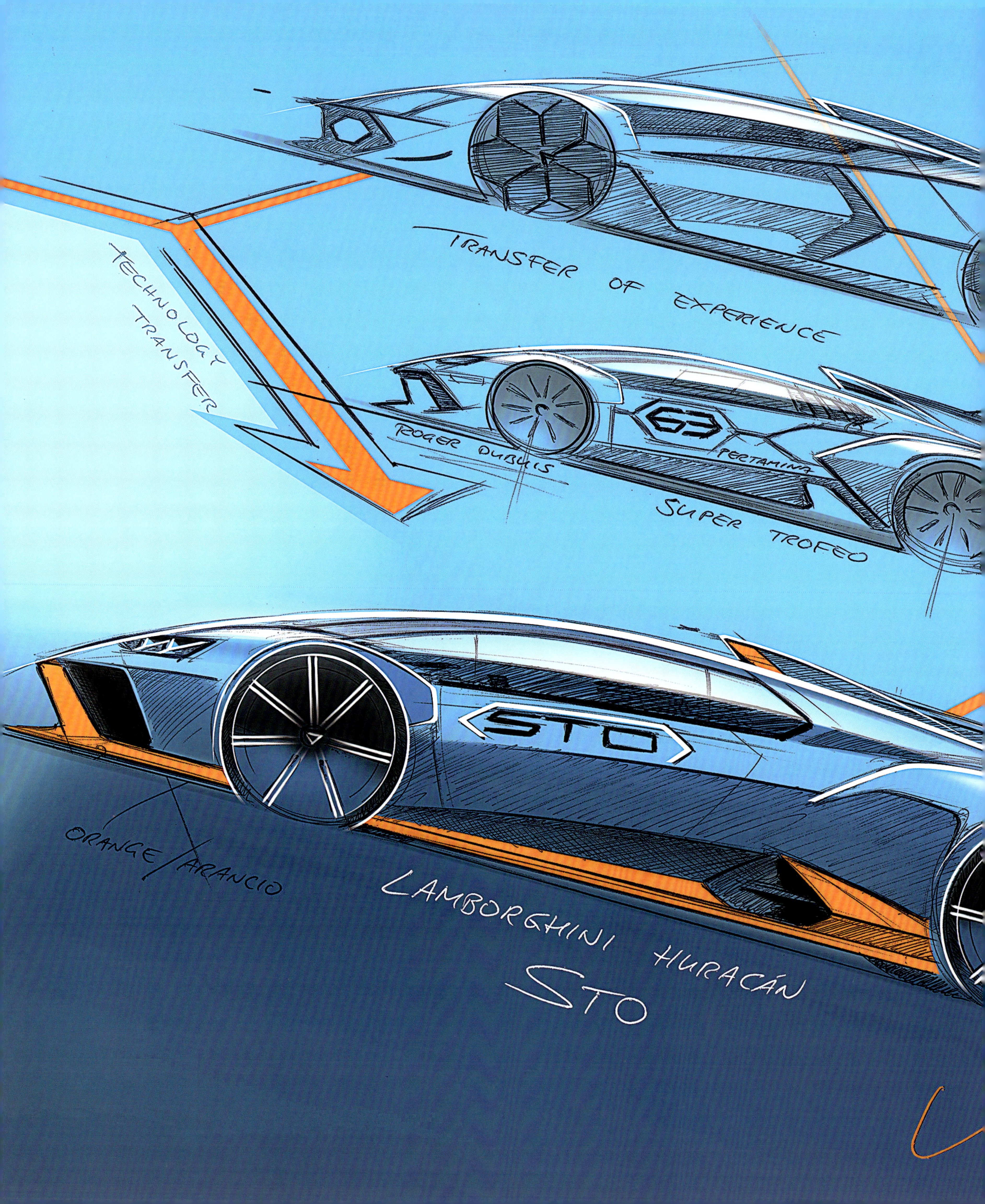
TECHNOLOGY TRANSFER
TRANSFER OF EXPERIENCE
ROGER DUBUIS
63
PERTAMINA
SUPER TROFEO
STO
ORANGE/ARANCIO
LAMBORGHINI HURACÁN
STO

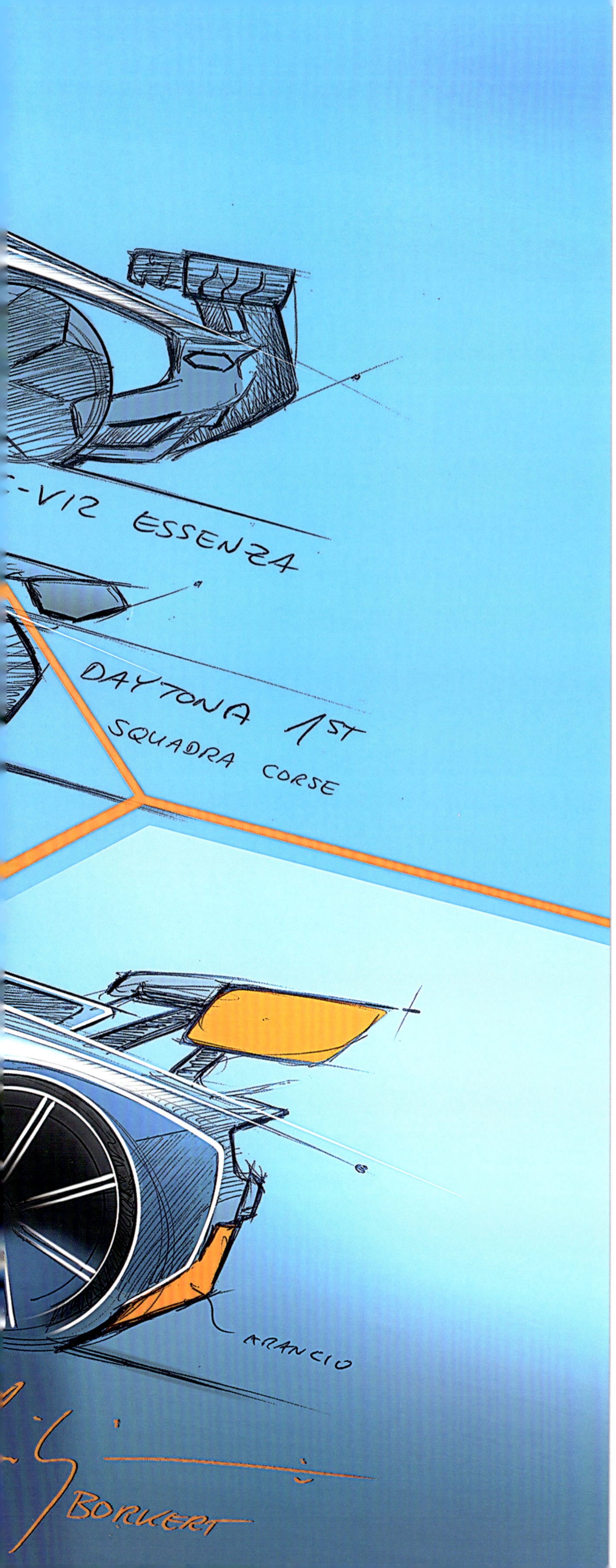

recht gilt. Der umfangreiche Einsatz von Kohlefaser- und Verbundwerkstoffen lässt die Nadel der Waage bei 1339 kg stoppen, was im Vergleich zum bereits leichten Huracán Performante noch einmal 43 kg weniger bedeutet. Eine vergrößerte Spurbreite, spezielle Stabilisatoren und das Lamborghini-MagneRide 2.0, ein Akraprovič-Auspuff mit Titan-Ventilen sowie neue Fahrmodi (STO [Straße], Trofeo [Rennstrecke trocken] und Pioggia [Rennstrecke nass]) sorgen in Verbindung mit den Potenza-Reifen von Bridgestone für Spitzenleistungen. Beim Einsteigen fällt der umfangreiche Einsatz von Kohlefaser auf: von den Sportsitzen über die Alcantara-Innenausstattung mit Lamborghini-Carbon-Skin bis hin zu den Fußmatten und Türverkleidungen, die ebenfalls in leichtem Carbonfasermaterial ausgeführt sind. Das mit Apple CarPlay kompatible HMI-System organisiert das Infotainment. Außerdem verfügt das Fahrzeug über ein Telemetriesystem, das über die Lamborghini Unica-App die Performance auf der Rennstrecke überwachen und aufzeichnen sowie die Daten analysieren kann.

LAMBORGHINI SC20

Der SC20 ist ein von der Lamborghini Squadra Corse entwickeltes Einzelstück mit V12-Motor, ein auch für die Straße zugelassenes offenes Rennfahrzeug. Das erste von der Motorsportabteilung in Sant'Agata Bolognese konzipierte und vom Centro Stile Lamborghini entworfene offene Einzelstück entstand nach den Wünschen des Kunden, der von den ersten Skizzen an in das Projekt eingebunden war. Ein maßgeschneiderter Ansatz bei der Verwirklichung eines Supersportwagens mit 770 PS, die der 6,5-Liter-V12-Saugmotor auf die Allradlenkung bringt. Die Karosserie des SC20 ist im Weißton Bianco Fu lackiert, im Blauton Blu Cepheus wurden Akzente gesetzt. Das Interieur unterstreicht den sportlichen Charakter mit einer Kombination aus Nero Cosmus (schwarz) und Bianco Leda (weiß), um die zahlreichen in Carbonfaser realisierten Details hervorzuheben.

2020

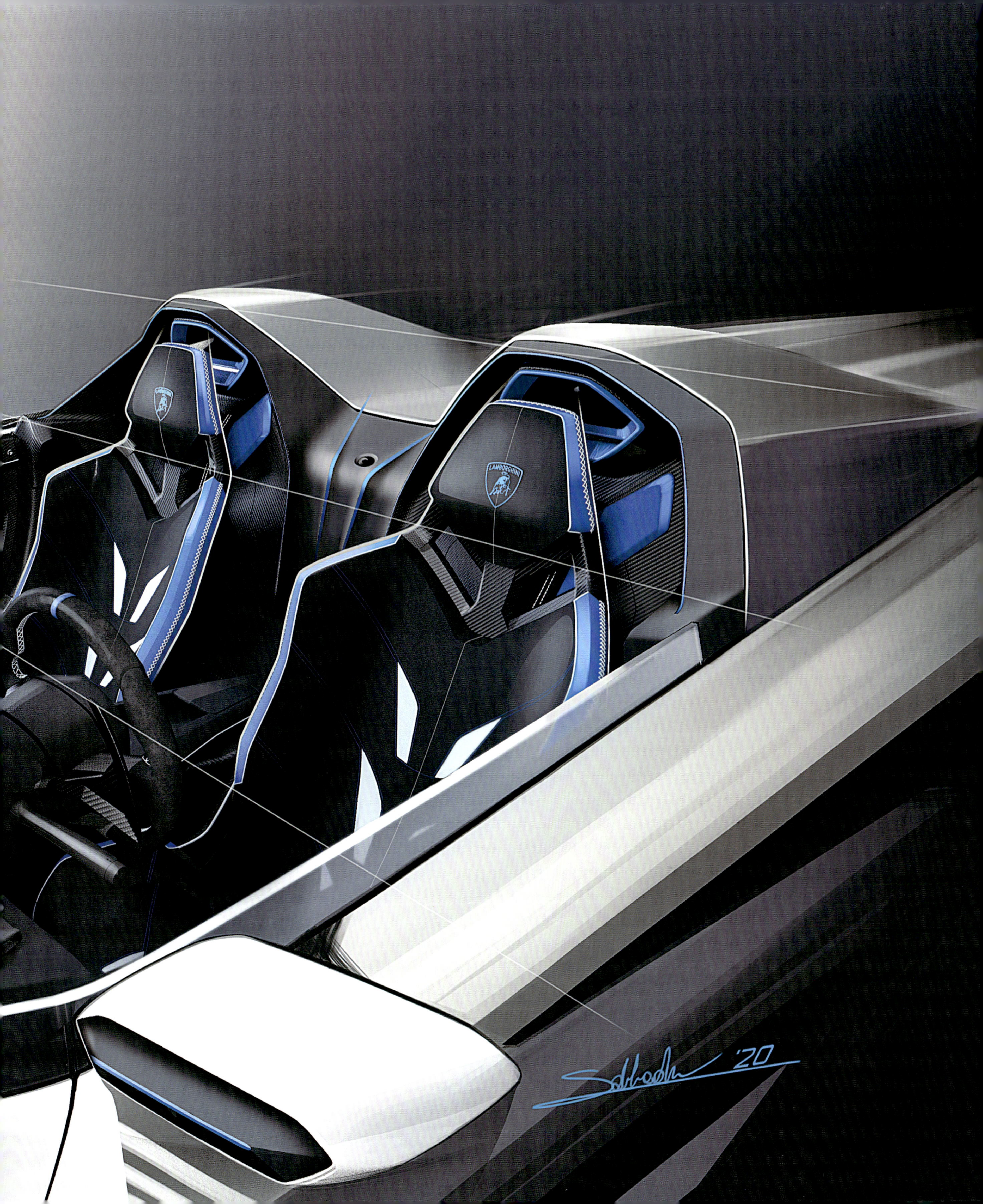
LAMBORGHINI
'20

HURACÁN SUPER TROFEO EVO2

Der von der Lamborghini Squadra Corse gefertigte Huracán Super Trofeo EVO2 treibt das Design der Vorgängergenerationen auf die Spitze und nimmt damit Stilelemente vorweg, die in den kommenden Jahren bei den Straßenfahrzeugen einfließen werden. Die Frontpartie ist radikal verändert und zeichnet sich durch hochintensive Voll-LED-Leuchten in

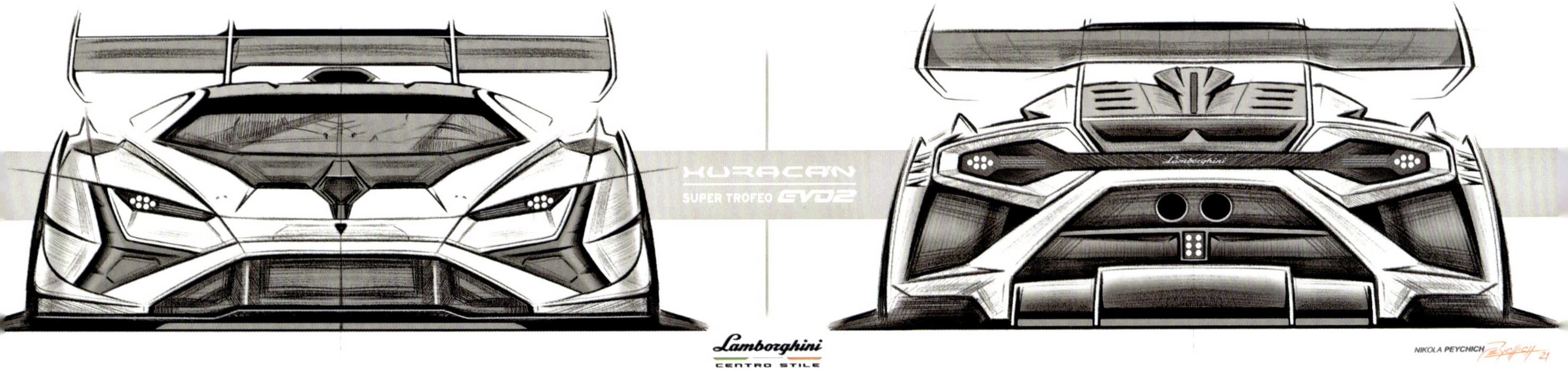

sechseckiger Form und einer „omegaförmigen" Lippe aus, die die seitlichen Carbon-Finnen verbindet und die stilistische Nähe zum Huracán STO betont. Ebenfalls neu sind die „Air Curtain"-Lufteinlässe, die die Luftströme an den Seiten halten und damit den aerodynamischen Widerstand optimieren. Das Heck mit dem großen Spoiler aus Carbonfaser kombiniert einen minimalistischen Stil mit dem Eindruck großer Leichtigkeit. Die Rahmen der LED-Leuchten sind eine Hommage an das Design des Countach. Der 5,2-Liter-V10-Saugmotor erbringt eine Höchstleistung von 620 PS und ist mit einem sequentiellen XTrac-Sechsgang-Getriebe und Hinterradantrieb kombiniert. Ebenfalls neu ist das von der Squadra Corse entwickelte Bremssystem. Die vorderen Stahlscheiben wurden von 380 auf 390 mm vergrößert und die neuen Bremssättel können Beläge in innovativer Form und mit größerer Oberfläche aufnehmen. Die Neuerungen betreffen zudem zahlreiche Karosserieteile, bei denen Kunststoff durch Carbonfaser ersetzt wurde.

2021

AVENTADOR LP 780-4 ULTIMAE

2021

V12
#ROADSTER
#12ZYLINDER
LAMBORGHINI DESIGN D.N.A.
A.KRUPA

Die neueste Version des Supersportwagens aus Sant'Agata Bolognese, der LP 780-4 Ultimae, soll das finale Modell des Aventador sein und die Ära der traditionellen V12-Saugmotoren der Lamborghini-Familie beenden. Er wurde in einer limitierten Auflage von 350 nummerierten Exemplaren als Coupé und 250 Exemplaren als Roadster produziert. In dieser Version wurde der hinten eingebaute 6,5-Liter-V12-Längsmotor („Longitudinale Posteriore", LP) aufgerüstet und bringt nun 780 PS bei 8500 U/min auf die Straße, 40 mehr als der Aventador S und 10 mehr als der SVJ mit seinem permanenten Allradantrieb. Der Entwurf verwendet ein spezielles Konzept für den vorderen Stoßfänger, um die aerodynamische Belastung zu steigern, wobei die seitliche Last in etwa dem des SVJ entspricht.

NUOVA COUNTACH LPI 800-4

Eine auf 112 Exemplare limitierte Version als Hommage an den Countach, der unkonventionellen Design-Ikone mit revolutionärer Technologie, anlässlich ihres 50-jährigen Jubiläums. Der Countach LPI 800-4 behält das Fahrerlebnis und den unvergleichlichen Sound des längs ausgerichteten V12-Motors (LP) unverändert bei und verbindet beides mit der für den Sián entwickelten Hybridtechnik (I). Der V12 mit Allradantrieb liefert 780 PS, die zusammen mit den 34 PS des Elektromotors 814 PS ergeben (im Namen auf 800 gerundet), und so erreicht der LPI 800-4 eine Höchstgeschwindigkeit von 355 km/h bei einer Beschleunigung von 0 auf 100 km/h in nur 2,8 Sekunden. Das charakteristische Erscheinungsbild mit seiner von der Front bis zum Heck durchgehenden Linienführung, den spitz zulaufenden Ecken, der schlanken Form und der keilförmigen Karosserie hat das Design der modernen Supersportwagen revolutioniert und war richtungsweisend für nachfolgende Lamborghini-Modelle. Die Heckansicht ist sauber und klar und verweist auf die ersten Versionen, den LP 500 sowie den LP 400. Die Frontansicht wiederum ist inspiriert von der Quattrovalvole-Version des Countach, was man an den kühnen Linien der Motorhaube mit dem breiten rechteckigen Kühlergrill, den eckigen Scheinwerfern und den sechseckigen Radläufen erkennt. Die flache Form des Fahrgastraums nimmt den ursprünglichen Countach auf. Der Verzicht auf einen Spoiler betont die Klarheit des Hecks, während sich die mit den typischen Lamellengittern verzierten Air Scoops harmonisch in die kräftigen Schultern des Wagens einfügen.

2021

HURACÁN TECNICA

BRIDGESTONE
POTENZA
BRIDGESTONE
2022

MIT DEM HURACÁN TECNICA AUF DER PISTE

Auf Knopfdruck verändert der Wagen seinen Fahrmodus, passt sich dem Rhythmus und den Geräuschen aus dem 5,2-Liter-V10-Saugmotor in unserem Rücken an. Der Lamborghini Huracán Tecnica bringt ein regelrechtes Old-School-Feeling auf die Straße. Obwohl es sich um ein tiefgreifendes Restyling des 2019er Huracán EVO handelt, ist der Tecnica die „gebändigte" Version, ein Super Trofeo Stradale. Tatsächlich hat er die 640 PS Leistung, den Hinterradantrieb, die Allradlenkung und die besondere Berücksichtigung des Gewichts – das Leistungsgewicht beträgt 2,15 kg/PS – mit dem EVO gemeinsam. Hinzu kommt ein Setting, das beste Performance sicherstellt und gleichzeitig alltagstauglichen Fahrkomfort auf der Straße garantiert. Das Design verbindet Vergangenheit und Zukunft des „Stiers", angefangen beim vorderen, vom Terzo Millennio inspirierten Stoßfänger in Form eines Y, über die Linien der Scheiben, die sich an den SCV12 anlehnen, bis zum hinteren Stoßfänger, einer Hommage an den historischen Countach. All dies kombiniert mit einer verbesserten Aerodynamik: Der Tecnica reduziert den Heckabtrieb im Vergleich zum 6 cm kürzeren EVO um 35 % und den Luftwiderstand um 20 %. An Bord finden wir ein vernetztes Cockpit, in dem alles über einen großen Touchscreen gesteuert wird, der mit Apple CarPlay, Android Auto und Amazon Alexa kompatibel ist. Das HMI (Human Machine Interface) umfasst, wie schon beim STO, ein über die Unica-App verbundenes Telemetriesystem und Logbücher, die Ziele und Fahrzeiten aufzeichnen. Ein Druck auf den zentralen Knopf bestätigt sofort die Bezeichnung „Old School". Keine Lithium-Ionen-Batterie bewegt das Auto elektrisch, kein Verstärker verstärkt das Auspuffgeräusch, keine Turbine trägt zur Leistungssteigerung bei. Das alles bedeutet nicht, dass der Tecnica ein technisch veraltetes Auto ist, ganz im Gegenteil. Die Ingenieure in Sant'Agata haben dank des LDVI-Systems (Lamborghini Integrated Vehicle Dynamics) und den präzise kalibrierten Fahrmodi – Straße, Sport, Rennstrecke – mit spezifischen Fahrwerkseinstellungen die Ansprüche noch einmal höhergeschraubt. In den Hügeln hinter Valencia zeigt der Tecnica mit einer „granitharten" Frontpartie auch bei erhöhtem Tempo extreme Präzision. Im Modus Strada ist der Fahrkomfort dank der hervorragenden Geräuschdämmung und der guten Absorption von Stößen fast wie in einem Gran Turismo. Im Sport-Modus wird die Messlatte höher gelegt, wobei das leichte Handling bleibt. Wir fahren auf die Rennstrecke Riccardo Tormo ein und schalten in den Corsa-Modus: Und der Tecnica schenkt uns bei jeder Runde jede Menge Adrenalin und ein breites Lächeln. Das Carbon-Keramik-Bremssystem sorgt für Halt und Stabilität. Das Urteil am Ende der Fahrt? Ausgezeichnet, weil der Wagen die Qualitäten des STO mit einer einfacheren Handhabung kombiniert. Und das alles zu einem Preis von 325.000 Euro.

SIÁN FKP 37
LEGO TECHNIC

Ein Lamborghini in Originalgröße aus LEGO! Der Supersportwagen wurde nach mehrmonatiger Planung aus mehr als 400.000 LEGO-Steinen zusammengesetzt. 8660 Stunden baute ein Team von 15 Personen an diesem besonderen Sián FKP 37. Insgesamt wurden 154 Arten von Steinen, von denen 20 speziell für dieses Projekt angefertigt wurden, verwendet. Die Maße entsprechen exakt den 4,98 m Länge, 2,10 m Breite und 1,13 m Höhe der echten Autos.

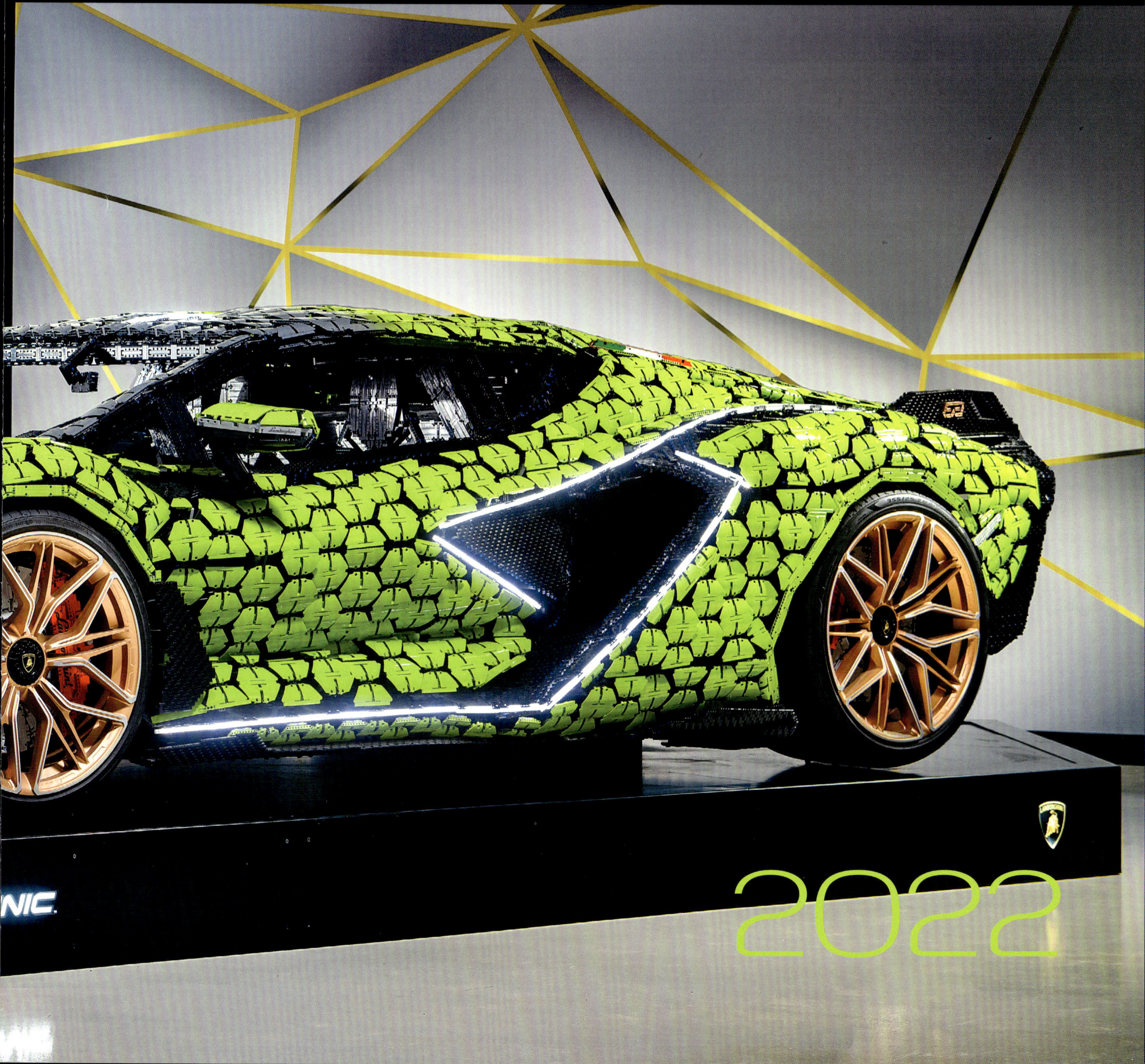

2022

URUS PERFORMANTE

2022

MIT DEM URUS PERFORMANTE AUF DER PISTE UND OFF-ROAD

Mit dem Lamborghini Urus Performante ist es den Ingenieuren in Sant'Agata gelungen, das Gewicht um fast 50 kg auf knapp über 2,1 Tonnen im fahrbereiten Zustand zu reduzieren, die aerodynamische Belastung um 38 % zu verringern und vor allem die (bereits sehr hohe) Fahrdynamik gegenüber dem 2018 eingeführten Urus zu steigern. Die Leistung wurde auf 666 PS angehoben, es wurden neue Stahlfedern sowie eine ganze Reihe von Carbon- und Leichtbaukomponenten eingebaut und ein Torque-Vectoring-System installiert, das den Wagen noch wendiger macht. Um die spezielle Kalibrierung des Torsen-Mittendifferenzials nutzen zu können, ergänzt der Urus Performance die Fahrmodi auf dem „Tamburo" getauften Wählhebel um den Rallye-Modus. Wir wählen ihn an und starten umgehend den ersten Test auf dem Vallelunga-Offroad-Parcours. Die Performance auf der Geländestrecke lässt uns den Abbruch des Urus-STX-Projekts (zusammen mit der Markenmeisterschaft mit Rennen auf Asphalt und im Gelände) bedauern, bestätigt aber die Vielseitigkeit der Neuheit aus der Emilia-Romagna. Also sitzen wir jetzt hinter dem Steuer des Urus Performante, ausgestattet mit speziell für dieses Modell entwickelten Pirelli-Trofeo-R-Reifen auf 22-Zoll-Schmiedefelgen (optional 23-Zoll) mit Titanschrauben. Das Gehirn signalisiert, dass man am Steuer eines SUV sitzt, mehr als 5 Meter lang und 2 Meter breit, aber der Körper spürt etwas vollkommen anderes, wenn man mit der Geschwindigkeit eines Supersportwagens durch die Kurve fährt. Der Performante ist noch griffiger und zuverlässiger geworden als die erste Generation des Urus und er hält die Spur präzise. Bei der Fahrt kommt es mehr als einmal vor, dass das innere Hinterrad angehoben wird, als säßen wir am Steuer eines Coupés mit einem Gewicht von einigen hundert Kilogramm und nicht in einem SUV mit über 600 Litern Ladevolumen. Das Carbon-Keramik-Bremssystem, ein wertvoller Verbündeter beim Bremsen im letzten Moment und den gesamten Fahrtag über sehr zuverlässig, erhält ebenfalls die volle Punktzahl und auch das Automatikgetriebe, das seinen Charakter je nach Fahrmodus anpasst.

URUS PERFORMANTE

POLIZIA DI STATO

Die Zusammenarbeit zwischen Lamborghini und der Polizei begann 2004, als der erste Gallardo 510-4 für den Transport von Organen ausgeliefert wurde. 2008 wurden die ersten Modelle durch den Gallardo LP 560-4 ersetzt. 2014 lieferte Lamborghini einen ersten Huracán LP 610-4 an die Polizei, gefolgt von einem zweiten 2017. Im Februar 2023 spielte ein der Verkehrspolizei der Emilia-Romagna geschenkter Huracán die Hauptrolle bei einem heiklen Organtransport, der das Leben einer 57-jährigen Frau rettete. Das letzte Fahrzeug, das zur Polizeiflotte kam, war ein Urus Performante, der im Dezember 2023 übergeben wurde und mit Defibrillator, Spezialgeräten und Kühlbox für den Transport von Organen mit Display und Datenlogger zur permanenten Temperaturüberwachung ausgestattet ist.

FEDERICO FOSCHINI: DIE ENTWICKLUNG DES UNTERNEHMENS

Federico Foschini ist Vorstandsmitglied von Automobili Lamborghini. Er wurde am 20. August 1972 in Ravenna geboren, hat einen Abschluss als Wirtschaftsingenieur gemacht und ist seit mehr als 20 Jahren Teil des Lamborghini-Teams. In seiner Laufbahn hat er verschiedene Funktionen mit zunehmender Verantwortung übernommen: Zunächst war er im Einkauf tätig, dann als Projektmanager; 2015 wurde er Chief Sales Officer und 2019 Chief Procurement Officer. Seit März 2021 ist er Chief Marketing & Sales Officer.

Ihre erste Erinnerung an Ihre Arbeit bei Lamborghini?

1998 kam ich als Ingenieurstudent zu Lamborghini, um während meiner Diplomarbeit und später in einem Praktikum Unternehmenserfahrungen zu sammeln. So kam es zur ersten „Begegnung" mit dem Produkt. 1999 wurde ich eingestellt und konnte die ersten Phasen der Übernahme durch Audi miterleben, eine echte Pioniersituation, denn das Unternehmen hatte komplizierte Zeiten hinter sich: mit einer Jahresproduktion von knapp 200 Autos und etwa 200 Mitarbeitenden. Das erste Ziel bestand darin, auf der Einkaufsebene die berühmten Gruppensynergien zu schaffen, was dazu führte, dass ich oft in Deutschland war und mit dem Vorstand von Audi und dem damaligen CEO zu tun hatte.

Wie hat sich Lamborghini im Lauf Ihrer Karriere verändert?

Das Unternehmen hat sich radikal verändert, hat von einer handwerklichen zu einer industriellen Phase gewechselt, wobei es sich die Leidenschaft stets bewahrt hat, die es seit seiner Gründung auszeichnet. Als ich anfing, war Lamborghini ein Unternehmen mit einer bedeutenden Geschichte, aber klein und in einer nicht gerade prosperierenden wirtschaftlichen Situation. Das hat sich heute alles geändert. Im Rückblick markiert die Geburt des Gallardo den neuen Willen und die Möglichkeit, zu wachsen und die Zielgruppe zu erweitern. Die erste große Herausforderung war der Aventador, mit dem Urus haben wir dann die größte Veränderung in der Geschichte von Lamborghini vorgenommen.

Was erwarten die Kunden von Lamborghini?

Sie erwarten Transparenz, Ehrlichkeit und Respekt vor unseren Werten, das heißt die Entwicklung von Fahrzeugen mit besonderem Design, die Spitzenleistungen erbringen. All dies verbunden mit einem hohen Maß an Fahrspaß, aber auch mit einem Lebenszyklus, der den Wert des Fahrzeugs steigert. Hinzu kommt: 90 % aller Fahrzeuge, die unsere Produktionsbänder verlassen, sind über das Individualisierungsprogramm Ad Personam ausgestattet.

Das Vertriebsnetz wächst weiter, welche Ziele verfolgen Sie?

Wir sind mit insgesamt 188 Händlern auf 56 Märkten vertreten und wollen bis zum Ende des Jahrzehnts 200 erreichen. Außerdem gibt es unsere Lounges in New York und Tokio, zu denen bis Ende 2025 noch welche in Miami und Dubai hinzukommen werden. Neben einem Zuwachs von rund 60 Händlern seit dem Urus wurde viel für die Kundenorientierung seitens der Händler getan. Die Angebote reichen von Gala-Abenden bis zu sportlichen Veranstaltungen auf der Rennstrecke, der Straße oder auf Schnee und Eis. Die Händler sind auf der ganzen Welt unsere Botschafter und spielen stets eine zentrale Rolle in unserer Geschäftsstrategie.

HURACÁN STERRATO

DAS STECKT DRIN

Ein Coupé, das sowohl auf Asphalt als auch abseits davon die Performance eines Supersportwagens bietet. Im Vergleich zu seiner Grundlage, dem Huracán EVO, ist der Sterrato mit einer aktualisierten Version des Fahrdynamiksystems Lamborghini Dinamica Veicolo Integrata (LDVI) ausgestattet, mit eigener Abstimmung der Fahrmodi Straße und Sport, sowie dem brandneuen Rallye-Modus für Untergründe mit geringer Haftung. Man erkennt bei dieser auf 1499 Exemplare limitierten Serie die Leidenschaft für Off-Road. Die Bodenfreiheit wurde um 44 mm erhöht, auch die Spur wurde verbreitert: vorn um 30 mm und hinten um 34 mm. Dazu hat man vorn einen Unterbodenschutz aus Aluminium ergänzt, die Schweller verstärkt, den Heckdiffusor hinzugefügt und kunststoffverkleidete Radkästen eingebaut, die das Auto auf

2022

unebenem Untergrund schützen. Der Lufteinlass auf der Heckklappe dient dazu, den 5,2-Liter-V10-Motor mit 610 PS und 560 Nm Drehmoment mit sauberer Luft zu versorgen, wenn man auf staubigen Straßen fährt. Das Siebengang-Doppelkupplungsgetriebe ist mit einem elektronisch gesteuerten Allradantrieb mit mechanischem Sperrdifferenzial hinten kombiniert. Der Wagen beschleunigt in 3,4 Sekunden von 0 auf 100 km/h und fährt eine elektronisch begrenzte

Höchstgeschwindigkeit von 260 km/h. Der Sterrato ist mit innenbelüfteten, gelochten Carbon-Keramik-Bremsen mit einem Durchmesser von 380 mm und Bridgestone-Dueler-Reifen der Größe 235/40 vorn und 285/40 hinten auf 19-Zoll-Felgen ausgestattet. Der Innenraum zeichnet sich durch die Alcantara-Ausstattung in Verde Sterrato aus, hat einen mit Alexa kompatiblen Touchscreen und verfügt über spezielle Funktionen für das Fahren im Gelände.

POLO STORICO

WO DIE LAMBORGHINI-MODELLE DER VERGANGENHEIT ZERTIFIZIERT WERDEN

Der 2015 entstandene Polo Storico Lamborghini verlieh dem bereits bestehenden Restaurationszentrum eine größere Bedeutung, da die Verantwortung für die historischen Archive, das Restaurationszentrum sowie die Zertifizierung der historischen Fahrzeuge hier zusammengeführt und die Verfügbarkeit zahlreicher Original-Ersatzteile für alle historischen Lamborghini-Modelle sichergestellt wurde. Nicht zu vernachlässigen ist auch die Rekonstruktion von Ersatzteilen für ältere Modelle; allein 2018 wurden 200 neue Teilenummern eingeführt. Unter den wichtigsten Zertifizierungen ragt die des Miura P400 aus dem Film *The Italian Job* von 1969 als Original-Fahrzeug mit der Fahrgestellnummer 3586 hervor. Die Rekonstruktion des Polo Storico fußte auf der im Archiv des Unternehmens vorhandenen Dokumentation sowie Tests am Fahrzeug. Die Ergebnisse wurden mit Aussagen von Fans und früheren Angestellten zusammengeführt, unter anderem von Enzo Moruzzi, der das Fahrzeug zum Set und dort in allen Aufnahmen als Double gefahren hat.

KUKA

MAURIZIO REGGIANI: VOM DIABLO ZUM URUS

Maurizio Reggiani kam 1959 in Mirandola zur Welt. Am Istituto Tecnico Industriale Galileo Galilei machte er einen Abschluss in Maschinenbau. 1982 kam er zu Maserati und war dort bis 1987 im Bereich Antriebsprojektierung tätig. Dann wechselte er zu Bugatti, wo er u. a. die gesamte Entwicklung von Antrieb und Getriebe des EB110 begleitete. 1995 wurde er Leiter des Ufficio Tecnico Meccanica bei Lamborghini. 1998 war er am Wechsel des Unternehmens zu Audi aktiv beteiligt, übernahm von 2006 bis 2022 die Rolle des CTO (Chief Technical Officer) und wurde Mitglied des Board of Management. In dieser Zeit vergrößerte er den Bereich R&D (Forschung & Entwicklung) von 60 auf mehr als 300 Mitarbeiter. 2023 bekam er von der Universität Bologna die Ehrendoktorwürde in Maschinenbau verliehen.

Die erste Erinnerung an die Arbeit bei Lamborghini?

Ein Unternehmen mit epischer Vergangenheit, aber an einem komplizierten Punkt. Mitten in der Produktion des Diablo SE einzusteigen, diese besonderen Farben zu sehen, den riesigen Spoiler und den beeindruckenden Motor, war für mich etwas Neues. Dieses Fahrzeug war der Ausgangspunkt für die Gestaltung des Diablo SVR.

Was hat sich mit Audi verändert?

Die Art und Weise, sich den Fahrzeugen „anzunähern". Es wurde ein Verfahren zur Gestaltung, Konstruktion und Auslieferung implementiert, das zu einer Qualität geführt hat, um die uns die Welt heute beneidet. Hinzu kommen die verbesserten Investitionsmöglichkeiten, ein umfangreicheres Unternehmens-Know-how und eine intensivere Zusammenarbeit mit externen Firmen. Als ich 1995 hier angefangen habe, wurden etwa 200 Autos pro Jahr produziert, 2023 haben wir zum ersten Mal die 10.000-Fahrzeuge-Marke überschritten.

Die größte Herausforderung?

Die Produktion des Aventador. Nachdem ich 2006 Chief Technology Officer geworden war, der einzige nicht deutsche technische Leiter der gesamten Volkswagengruppe, stellte ich 2007 ein ganz neues Projekt vor. Der Aventador basiert auf einem Projekt mit Carbon-Fahrgestell, ISR-Getriebe, Push-rod-Aufhängung und neuem V12-Motor.

Welches Projekt war am aufregendsten?

Nach dem Aventador sicherlich der Urus. Trotz meines Hintergrundwissens zu „niedrigen" Fahrzeugen war es wirklich komplex, das Schlingern und Stampfen unter Kontrolle zu bringen. Ich konnte die Führungsspitze von folgenden vier Maßnahmen überzeugen: den Sitz mittels einer neuen Befestigung auf dem Chassis anbringen, um ihn möglichst tief setzen zu können; eine mechanische Drehmomentverteilung einbauen, um das Handling zu verbessern; variable Lenkübersetzung über unabhängige Doppelquerlenker. Die letzte Forderung war ein Wählhebel für die verschiedenen Fahrmodi, „Tamburo" genannt.

Drei Modelle, die Ihnen ans Herz gewachsen sind?

Der Reventon, weil es für mich, aber auch für das Unternehmen, der erste Few Off war. Dann der Sesto Elemento, wegen seines geringen Gewichts (unter 1000 kg) und seines präzisen Fahrverhaltens wie bei einem Gokart. Als drittes der Huracán Performante wegen der Einführung des aktiven Aerodynamiksystems ALA.

DAS AD-PERSONAM-PROGRAMM

Ihr Auto wird zu einem echten Maßanzug, mit praktisch unendlichen Kombinationsmöglichkeiten zur individuellen Gestaltung. Das ist das Konzept des Individualisierungsprogramms Ad Personam, das 2006 ins Leben gerufen und dann Jahr für Jahr erweitert wurde: 2016 erfolgte die Gründung eines entsprechenden Studios in Sant'Agata Bolognese, bis zum Jahr 2023 wuchs dessen Fläche auf 180 m^2 an. Die

neuen Räumlichkeiten ermöglichen ein „phygitales" Erlebnis, das die physische und die digitale Welt durch verschiedene Tools verbindet. Der Kunde taucht mit allen Sinnen in den Auswahlprozess ein: Er kann das Material der Verkleidung und der Beschichtung berühren und daran riechen, dank des innovativen Audiosystems den Sound des Motors hören und einzigartige Multimedia-Materialien anschauen. Das Erlebnis startet mit einem Treffen bei einem Händler. Danach wird man eingeladen, die Konfiguration an einem Tag im Ad-Personam-Studio in Sant'Agata fortzuführen, sich bei einem Besuch der Produktionsbänder inspirieren zu lassen. Das Studio präsentiert alle Optionen der Lamborghini-Palette an einem einzigen Ort, mit steigendem Individualisierungsgrad von eher linienkonformen Konfigurationen bis hin zum „One Shot" mit sehr spezifischen Kundenwünschen oder der Verwendung von exklusiven Materialien, die ursprünglich nicht aus dem Automobilbereich stammen. Auch die Räumlichkeiten sowie die Anordnung der Materialien im Studio wurden vor dem Hintergrund eines möglichst optimalen Konfigurationsprozesses gestaltet: Die Wahl der Farbe und verschiedener außen sichtbarer Elemente sowie die Ausführung des Fahrzeugäußeren sind von zentraler Bedeutung und werden umfangreich präsentiert, sobald man die Schwelle des Studios überschreitet. Auf einer drehbaren Plattform in der Mitte des Raums kann man alle Fahrzeugdetails auch bequem von der Lounge aus in aller Ruhe begutachten. Farbe der Karosserie, Räder, Bremssättel, Markenzeichen, Auspuffendrohre, Materialien für die Innenausstattung wie Leder und vieles mehr, Garn-Auswahl für Nähte und Stickereien ... – das ist nur eine Auswahl der Möglichkeiten zur Individualisierung, die sich auch dank der Arbeit der Schneiderei, die Innovation mit Tradition und Handwerkskunst verbindet, realisieren lassen.

2023

MUSEO LAMBORGHINI

WO DIE LEGENDE BEWAHRT WIRD

Das Automobili-Lamborghini-Museum wurde 2001 gegründet und ist zu einer zentralen Anlaufstelle für alle Fans der Marke mit dem Stier geworden. Es wurde 2023 komplett renoviert und befindet sich an einem geschichtsträchtigen Ort: Es ist Teil des ersten Gebäudekomplexes, mit dem Ferruccio Lamborghini 1963 den Grundstein für sein Unternehmen legte.

Das Museum lässt Besucher anhand der faszinierenden Geschichte und der Fahzeug-Ikonen sowie bei Werkstouren zu den Produktionsbändern an der 60-jährigen Innovationstradition von Lamborghini teilhaben: von den ersten visionären Entwürfen des Gründergenies Ferruccio Lamborghini, wie etwa dem Miura und dem Countach, über die neueren und exklusiveren Supersportwagen wie den Huracán Performante, den Aventador SVJ, die Few Offs Centenario, Sesto Elemento und Veneno bis zu den ersten Lamborghini-Modellen mit Hybridtechnologie Sián und Countach LPI 800-4. Das Museum bietet dank des neuen Fahrsimulators zudem die Möglichkeit, die ausgestellten Fahrzeuge mit allen Sinnen und interaktiv zu erleben.

Führungen, die vom Museum aus starten, machen den Besuch zu einem unvergesslichen Erlebnis, bei dem die spannendsten Orte des Unternehmens entdeckt werden können. Denn tatsächlich gelangt man ins Herz von Automobili Lamborghini und erlebt auf einer einzigartigen Reise zwischen Handwerkskunst und Technologie die Entstehung der Supersportwagen aus dem Hause Sant'Agata Bolognese mit.

2023

REVUELTO

THE GENESIS OF THE V12 ICONS
countach
DIABLO
MURCIELAGO
SANT'AGATA BOLOGNESE
AVENTADOR
FROM NOW ON
BORKERT
REVUELTO
2023

DAS STECKT DRIN

Der Lamborghini Revuelto bringt eine völlig neue Hybrid-Technologie und einen V12 der neuesten Generation an den Start. Seine leichte Hochleistungs-Lithium-Ionen-Batterie ist im zentralen Teil des Chassis untergebracht, wo sich bei früheren Generationen der Getriebetunnel befand. Der erste HPEV-Hybrid-Supersportwagen (High Performance Electrified Vehicle) mit 12-Zylinder-Verbrennungsmotor bringt beeindruckende 1015 PS auf die vier Räder des Allradantriebs. Das sorgt für eine Höchstgeschwindigkeit von 350 km/h und eine Beschleunigung von 0 auf 100 km/h in nur 2,5 Sekunden.

REVU

IN DER PRODUKTIONHALLE DES REVUELTO

„Beim Revuelto handelt es sich um ein Hybridauto, das sehr individuell gestaltet werden kann und gleichzeitig handwerklich anspruchsvoll ist. Für seine Produktion haben wir das *Lamborghini Next Level Manufacturing* geschaffen: ein Produktionssystem, bei dem der Mensch immer noch im Mittelpunkt steht, das wir aber an ein viel komplexeres Produkt und an Prozesse angepasst haben, die vorher nicht zur Anwendung kamen. Mit der Einführung des Revuelto

haben wir eine Ausdehnung der Unternehmensfläche auf 172.000 m^2 erreicht", sagt Ranieri Niccoli, Chief Manufacturing Officer von Automobili Lamborghini. Der eingeschlagene Weg nennt sich Fertigung 4.0. Das System, das die mechanischen und technologischen Abläufe steuert, heißt MES (Manifacturing Executive System). Der Mensch ist ein Teil davon und wird bei jedem Schritt von der Maschine unterstützt, kann aber jederzeit Abläufe verändern, anpassen oder auch anhalten. Das System steuert auch die Cobots, kollaborative Roboter, die an den Produktionsbändern eingesetzt werden. Zentrales Element dieses Fahrzeugs ist der kohlenstofffaserverstärkte Kunststoff (CFK), der im Werk von Sant'Agata Bolognese hergestellt wird. Es ist das wichtigste Strukturelement des neuen Fahrzeugs und wird nicht nur als Monofuselage für die Ausführung des Monocoque, sondern auch für einen Großteil der Karosserieelemente verwendet.

FAHRERLEBNIS UND SOUND DES REVUELTO

Ein Konzentrat aus Neuartigkeit, Technologie und Leidenschaft: Mit dem Sound des V12-Motors erzeugt der Revuelto auf der Rennstrecke starke Emotionen und gleichzeitig fährt er in der Stadt komfortabel und leise. Neben dem Hybridsystem gibt es drei neue Fahrmodi – Recharge, Hybrid und Performance –, die mit den bekannten Stadt, Straße, Sport und Rennstrecke über die beiden Drehknöpfe am neu gestalteten Lenkrad zu insgesamt 13 unterschiedlichen Fahrerlebnissen kombiniert werden können. Città ist zum Beispiel der Fahrmodus, der für das alltägliche Fahren in Innenstädten konzipiert ist, auch mit Null-Emissionen. Strada eignet sich mit bis zu 886 PS perfekt für dynamische Fahrten im Alltag und auf langen Strecken und verbindet viel Komfort mit großer Sportlichkeit. Der V12 ist immer aktiv und sorgt auch für einen konstanten Ladezustand der Batterie, deren Ladung im Recharge-Modus optimiert und ausgereizt wird. Die vordere E-Achse unterstützt das Torque Vectoring und die aktive Aerodynamik sorgt für maximale Stabilität bei hohen Geschwindigkeiten, zum Beispiel auf der Autobahn. Die Wahl des Sport-Modus verändert den Charakter des Revuelto und der Wagen bietet in jedem der drei kombinierbaren Modi – Recharge, Hybrid und Performance – ein emotionales, fahrspaßorientiertes und reaktionsschnelles Fahrerlebnis. Der Verbrennungsmotor ist in allen drei Modi aktiv und leistet, unterstützt durch das Hybridsystem, maximal 907 PS. Der Sound des V12 kommt ausdrucksstark zur Geltung; das Getriebe ist maximal reaktionsfreudig, während die Aufhängung und die Aerodynamik die Agilität des Fahrzeugs und den Fahrspaß in Kurven verbessern. Das Maximum an Leistung und Sound wird im Corsa-Modus erreicht, der die dynamischen Fähigkeiten des Revuelto auf der Rennstrecke zeigen soll. Im Performance-Modus entfaltet der Antriebsstrang hier mit 1015 PS sein volles Potenzial. Es besteht auch die Möglichkeit, das ESC zu deaktivieren, um die maximale verfügbare Leistung ohne aktive Kontrollsysteme zu testen und dank der „Launch Control“-Funktion, die aktiviert wird, indem man die Taste in der Mitte des linken Drehknopfs gedrückt hält, den Nervenkitzel eines Starts aus dem Stand mit maximaler Leistung zu erleben.

Wenn Sie den QR-Code mit dem Smartphone scannen, können Sie dank einer speziell für dieses Buch entwickelten Onboard-Kamera in den Revuelto „einsteigen". Drehen Sie die Lautstärke auf und lauschen Sie dem satten Sound des 12-Zylinder-Motors, der auch dank dreier Elektromotoren eine unglaubliche Leistung von 1015 PS erbringt, eine Höchstgeschwindigkeit von 350 km/h erreicht und in nur 2,5 Sekunden von 0 auf 100 km/h beschleunigt.

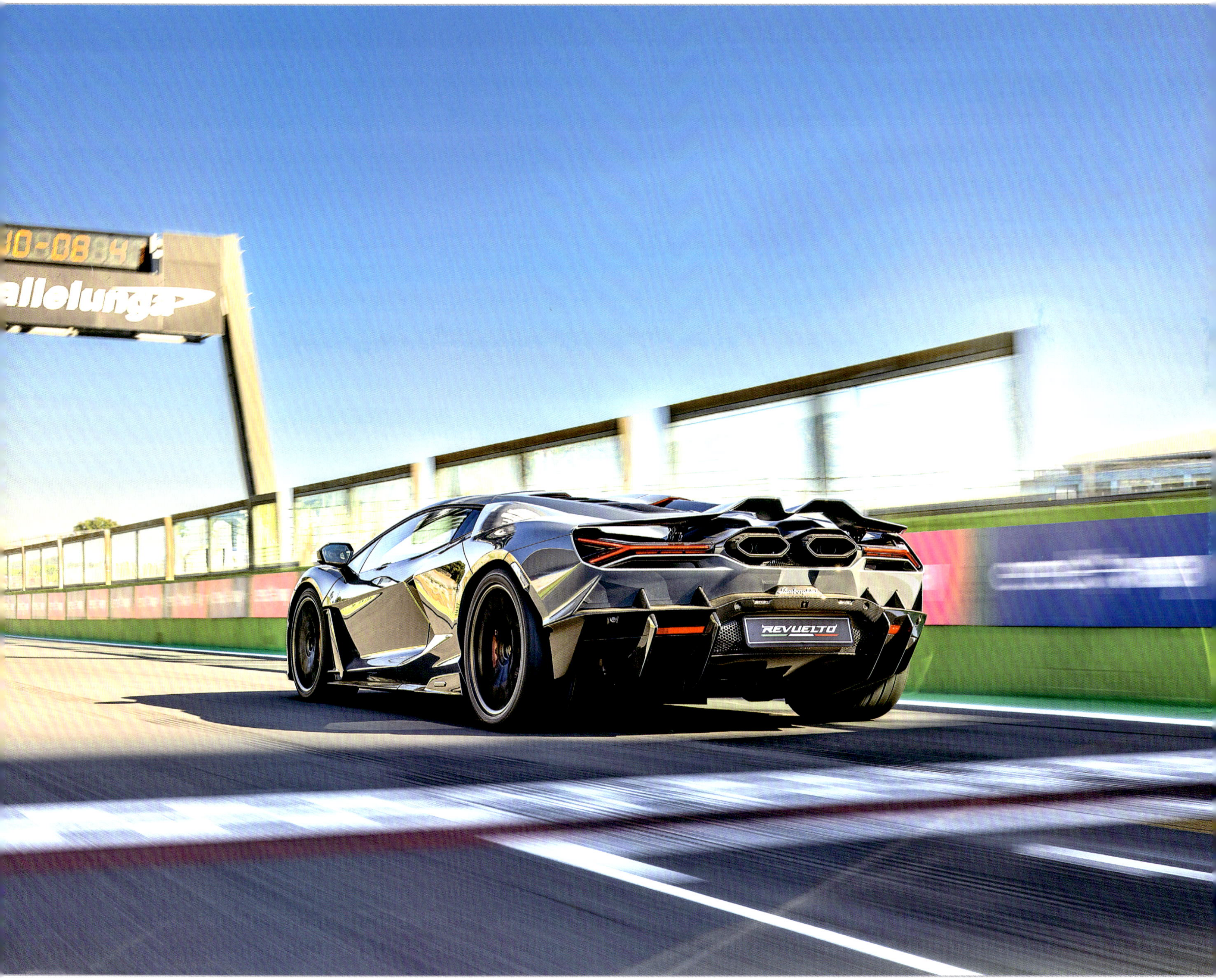

RANIERI NICCOLI: WIE SICH DIE PRODUKTION VERÄNDERT HAT

Ranieri Niccoli ist Mitglied des Verwaltungsrats von Automobili Lamborghini. Er wurde am 12. November 1968 in Bologna geboren und machte 1995 seinen Abschluss in Luftfahrttechnik an der Universität La Sapienza in Rom. Seine Karriere begann bei FIAT Automobili, wo er verschiedene Positionen mit zunehmender Verantwortung im Produktionsbereich innehatte, bis er Montageleiter im Werk in Mirafiori wurde. Seit 2008 ist er als Chief Manufacturing Officer bei Automobili Lamborghini für die Bereiche Produktion, Logistik, Industrietechnik und Infrastruktur verantwortlich.

Ihre erste Erinnerung an die Arbeit bei Lamborghini?

Meine Laufbahn als leitender Ingenieur begann 2008 und ich erinnere mich an den ursprünglichen roten Bodenbelag aus den 1960er-Jahren, der im Haupteingang noch erhalten ist. Das Werk war klein und es arbeiteten dort etwa 400 Menschen an der Produktion von 2000 Murciélago- und Gallardo-Fahrzeugen.

Wie hat sich die Produktion in Ihrer ersten Phase von 2008 bis 2015 verändert?

Mit der Einführung der Modelle Aventador 2011 und Huracán 2014 änderten sich eine ganze Reihe von Prozessen. Mit diesen neuen Modellen schufen wir werksseitig die Grundlagen für den Produktionsprozess, der immer noch aktuell ist. Grundlagen schaffen bedeutet, die grundlegenden Abläufe, die Kompetenzen, die Infrastruktur, die Technologien und die gesamte Logistik zu entwickeln, auf die dann ein spezifischerer Produktionsprozess für Lamborghini aufgesetzt werden sollte. Mit dem Aventador begannen wir, das Monocoque *intern* zu produzieren. Wir installierten eine erste Sattlerei, verbesserten die Prozesse für die Produktion der Innenausstattung und strukturierten diese Abteilung stärker. 2015 haben wir mit 3245 ausgelieferten Autos zum ersten Mal die Schwelle von 3000 Fahrzeugen überschritten.

Mit der Einführung des Urus haben Sie ein noch nie da gewesenes Produktionswachstum erreicht. Was waren die größten Herausforderungen?

Es war in vielerlei Hinsicht eine völlig neue Herausforderung, angefangen bei der Expansion des Unternehmens, der Einstellung von über 500 Mitarbeitern in etwa 18 Monaten und der Verdoppelung des Produktionsvolumens. All dies baute auf den Fundamenten auf, die in der vorangegangenen Zeit gelegt worden waren, und führte zu einem industriellen Prozess mit dem Namen „Manifattura Lamborghini". Ziel war es, von einer Stückzahl von maximal 3000 bis 4000 Autos pro Jahr zu einem Unternehmen zu werden, das in der Lage ist, SUVs zu produzieren und mehr als 10.000 Fahrzeuge pro Jahr auszuliefern. Wir haben Digitalisierungskonzepte eingeführt und mit den ersten kollaborativen AGV-Robotern die Automatisierung vorangetrieben.

Was wird sich mit der Ankunft des vierten Modells ändern?

Das vierte, vollelektrische Modell wird weitere Entwicklungen mit sich bringen, angefangen bei der Gestaltung des Werks bis hin zu ganz neuen Bereichen. Aber die Schlüsselrolle spielen unsere Mitarbeitenden, die immer im Mittelpunkt des industriellen Prozesses stehen und mit ihren Fähigkeiten und ihrer Leidenschaft die Hauptakteure sind und bleiben.

3:21

LANZADOR

DER ERSTE ELEKTRISCHE „STIER“

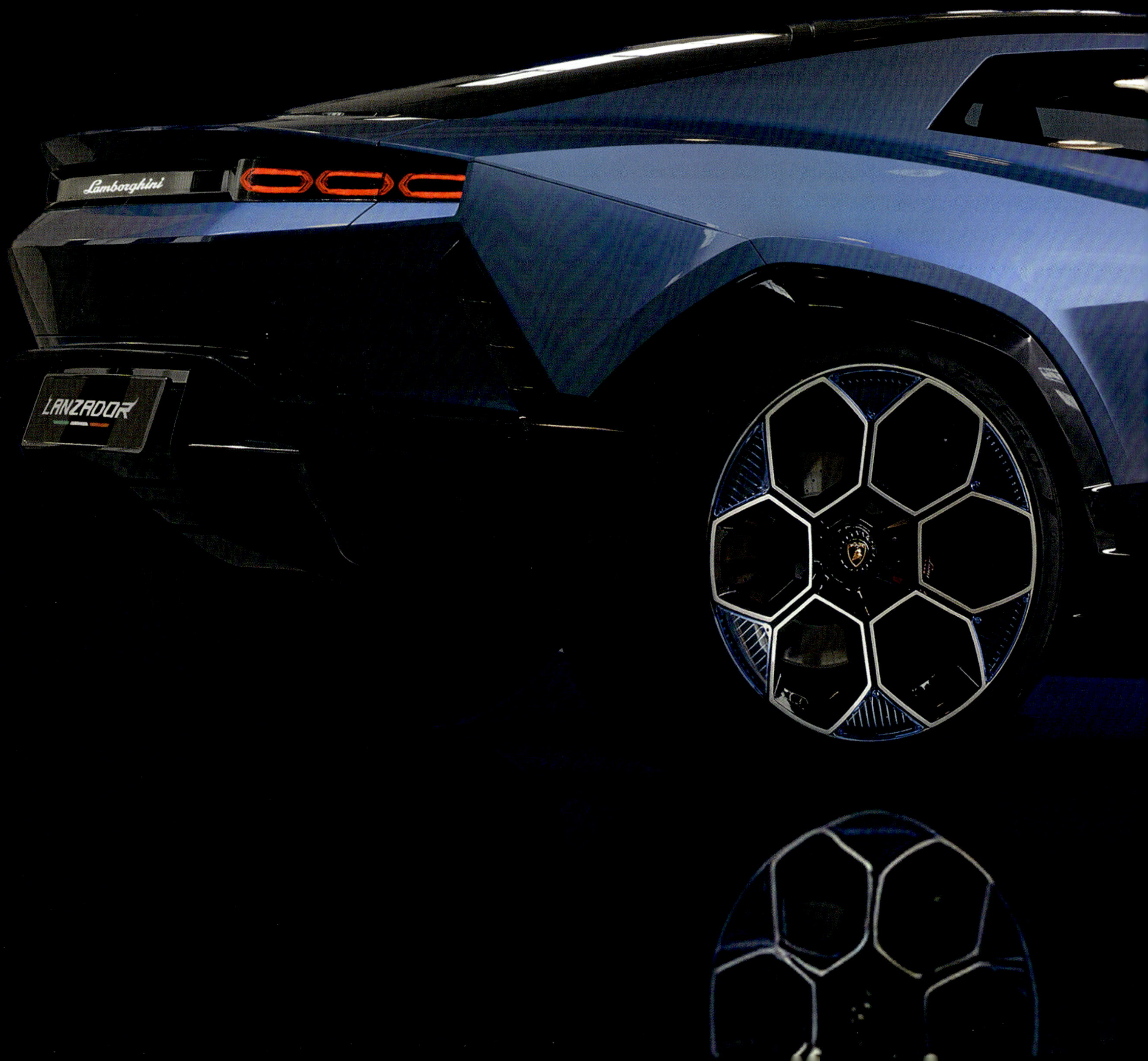

Blasphemie oder Innovation? Diese Frage stellt man sich wohl als Erstes angesichts des Lamborghini Lanzador, des ersten vollelektrischen Modells, das von der Firma in Sant'Agata Bolognese produziert und 2023 vorgestellt wurde. Dieses Konzeptfahrzeug ist Teil der 2021 angekündigten Agenda mit dem Namen „Direzione Cor Tauri", die den Weg zur Dekarbonisierung und Elektrifizierung beschreibt. Es gibt einen Ausblick auf die für 2028 geplante vierte Modellreihe. Der Lanzador ist wie ein Coupé mit hoher Bodenfreiheit geschnitten und mit zwei Elektromotoren ausgestattet, einem pro Achse, um Allradantrieb und Effizienz in allen Fahrmodi zu gewährleisten. Seine dynamischen Crossover-Linien und die Gestaltung nehmen Design-Lösungen vorweg, die beim neuen Huracán zu sehen sein werden. Es gibt bislang keine Informationen zur verwendeten Plattform, aber höchstwahrscheinlich handelt es sich um die von Audi und Porsche entwickelte PPE (Premium Platform Electric). Die Bordsysteme können während der Fahrt über Bedienelemente am Sportlenkrad unabhängig voneinander gesteuert werden.

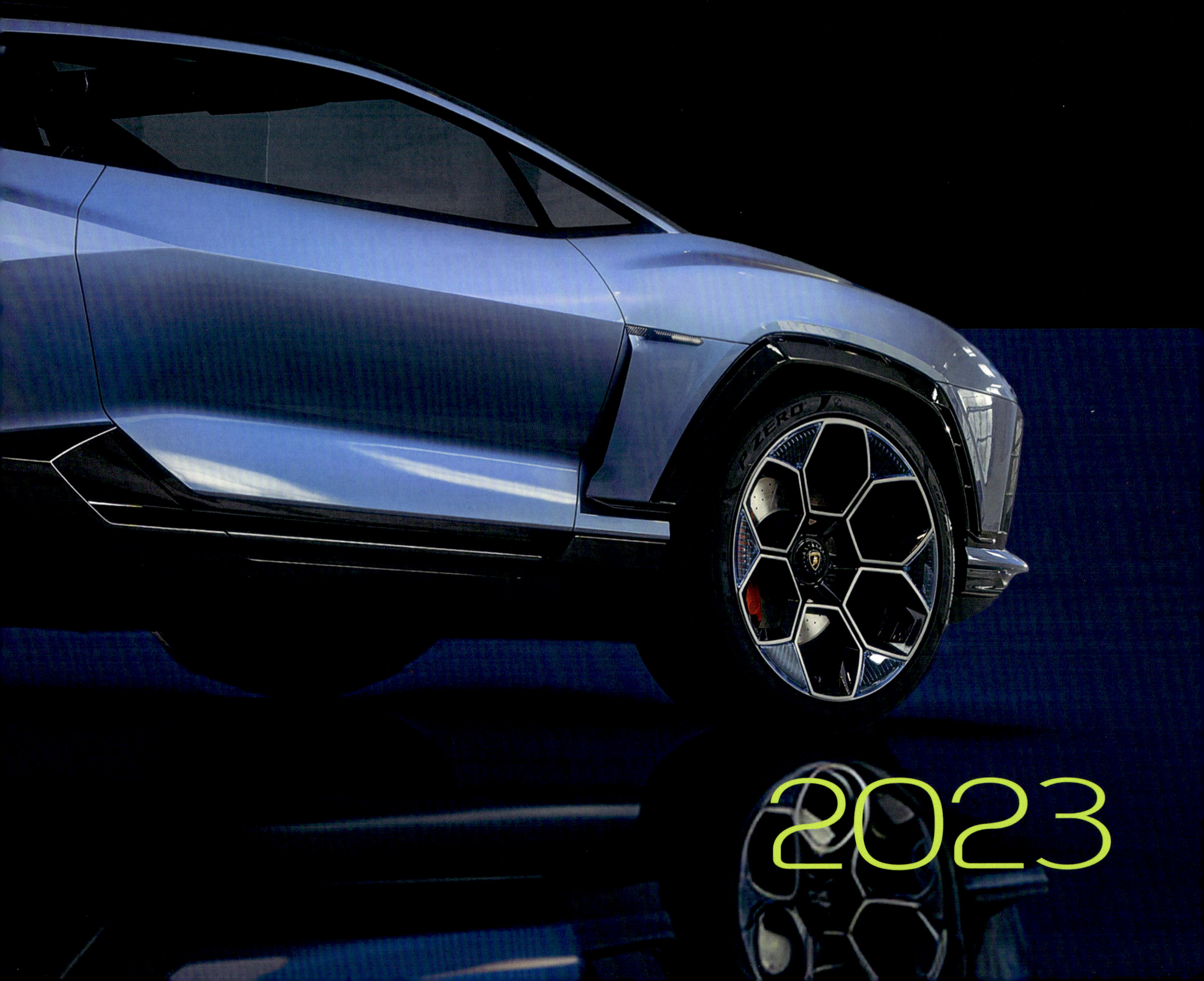

2023

MITJA BORKERT: DAS GEHEIMNIS DES GUTEN STILS

Mitja Borkert wurde 1974 in Deutschland geboren und hat einen Abschluss in Transportation Design an der Fachhochschule Pforzheim gemacht. 1999 kam er zu Style Porsche in Weissach, wo er verschiedene Positionen innehatte, darunter General Manager Advanced Design und seit 2014 Director of Exterior Design. Er war an der Entwicklung zahlreicher Porsche-Modelle beteiligt (Panamera Sport Turismo, Boxster 987 Facelift, Cayenne, Macan, Mission E). Im April 2016 kam er als Head of Design zu Automobili Lamborghini und ist seit November 2023 Design Director.

Borkert ist für das Design der neuen „Stiere" und die Koordination des Designteams verantwortlich. Bei Lamborghini hat er bereits die Entwicklung vieler Modelle betreut, etwa Urus und Terzo Millennio (2017), Vision Gran Turismo (2019), Sián (2019), Countach LPI 800-4 (2021), Revuelto (2023) und Lanzador (2023).

Welches war das erste Lamborghini-Modell, an dem Sie gearbeitet haben?

Der Centenario Roadster, unmittelbar gefolgt vom Aventador S und dem Huracán Performante. Mein erstes Jahr bei Lamborghini war ebenso herausfordernd wie anregend.

Wie entsteht das Design eines Lamborghini?

Wir sind da, um Träume zu schaffen, um die Sinne anzuregen: Wir geben dem Adrenalin eine Form. Ich halte mich immer an die Agenda, die ich beim Eintritt in das Unternehmen für mich festgelegt habe: Jeder Lamborghini muss eindeutig ein „Lambo" sein und die DNA der Marke verkörpern, aber er muss auch unerwartete und innovative Elemente enthalten.

Der Revuelto und der Temerario haben zwei Ikonen, Aventador und Huracán, ersetzt. Was war Ihr Ansatz dabei?

Mit dem Revuelto, dem ersten elektrifizierten Hochleistungsfahrzeug der neuen Baureihe, wollen wir auch in unserer Designsprache neue Wege gehen. Schon auf den ersten Blick zeigt er sich als faszinierender V12-Lamborghini, mit schnittigen Linien um das Chassis und dem spektakulären Blick auf den freiliegenden Antriebsstrang. Das Y ist die auffälligste Signatur dieses neuen Flaggschiffs und auch das Interieur stellt einen deutlichen Schritt in Richtung Definition des neuen Lamborghini-Designs dar. Jedes Detail des Cockpits vermittelt unsere „Feel like a pilot"-Philosophie. Das Design des neuen Temerario ist ein weiterer Meilenstein unserer Designsprache, in der wir die Proportionen und Dynamik betonen. Ähnlich wie beim Revuelto wollten wir auch beim Temerario den Motor in den Mittelpunkt stellen, das Herzstück des Fahrzeugs und der innovative Ursprung der Leistung.

Die vierte Modellreihe wird komplett elektrisch sein, was neue Herausforderungen bedeutet. Was sind Ihre Ziele?

Der Lanzador ist das visionärste und futuristischste Konzeptfahrzeug, das von Lamborghini jemals entwickelt wurde, mit überraschendem Design und neuem Schönheitskonzept. Der Umfang eines Supersportwagens wird mit einer leicht erhöhten Fahrposition kombiniert, die an den Huracán Sterrato erinnert. Er wurde für eine neue Generation von Digital Natives konzipiert und zeigt auch bei der Gestaltung des Innenraums mit innovativen und nachhaltigen Materialien einen neuartigen Ansatz. Der Lanzador ist ein mutiges Konzeptfahrzeug, das uns schon heute das zukünftige Potenzial der vierten Modellreihe von Lamborghini vor Augen führt.

ZEHN JAHRE LAMBORGHINI SQUADRA CORSE

2023 feierte die Motorsport-Abteilung von Lamborghini ihr zehnjähriges Bestehen. Die Bilanz: eine große Zahl von Siegen auf den prestigeträchtigsten Rennstrecken weltweit. 2023 hat die Squadra Corse einen weiteren Meilenstein erreicht: Im Autodromo Vallelunga fanden zum zehnten Mal die Lamborghini World Finals statt. 94 Fahrzeuge aus den Super-Trofeo-Meisterschaften Europas, Asiens und Nordamerikas nahmen teil, und man erhielt die Zertifizierung UNI/ISO 20121:2013, die die ökologische Nachhaltigkeit der Veranstaltung bescheinigte. Seit Januar 2025 wird die Squadra Corse von Maurizio Leschiutta geleitet, dem neuen Head of Motorsport. Bevor er zu Lamborghini kam, sammelte er umfangreiche Erfahrungen im technischen und im Marketingbereich des Motorsports. Nach 11 Jahren in der Formel 1 wandte er sich dem GT-Rennsport zu und wurde zu einer Schlüsselfigur bei der Entwicklung des LMDh-Programms von BMW. Zu den wichtigsten Projekten gehören nun Entwicklung und Management des Prototyps SC 63 LMDh in der IMSA-GTP-Klasse sowie die Customer-Racing-Aktivitäten im Zusammenhang mit dem Huracán GT3 EVO2. Zu den zentralen Projekten für 2025 gehört außerdem der neue Temerario GT3, Nachfolger des Huracán GT3.

LAMBORGHINI

SQUADRA CORSE

MOTORSPORT. DIE ÄRA DES HURACÁN UND DIE GT-ERFOLGE

Alles beginnt mit dem Huracán LP 620-2 Super Trofeo, der ersten Rennversion des 2014 vorgestellten straßentauglichen Supersportwagens. Das in 180 Exemplaren produzierte Modell gehört zu den erfolgreichsten der „Stiere". Parallel zu ihm präsentiert die Squadra Corse 2015 auch den Huracán GT3. Die Aerodynamik wurde verbessert, um größtmögliche Stabilität zu gewährleisten. Wie schon der Gallardo gewinnt auch der Huracán GT3 bei seinem Debüt mit dem Grasser Racing Team 2015 den ersten von fünf Blancpain-GT-Läufen. 2018 debütiert der Huracán Super Trofeo EVO, der dank einer komplett überarbeiteten Aerodynamik, zusätzlicher Sicherheitsvorrichtungen sowie weiterer Innovationen die bereits hohen Standards des Vorgängermodells weiter ausbaut. 2019 folgt der Huracán GT3 EVO, der bereits in seinem ersten Jahr die wichtigsten Meisterschaften der GT3-Kategorie gewinnt und bei den legendären 24 Stunden von Daytona triumphiert. 2023 bringt Lamborghini die dritte Generation des Huracán-Rennwagens heraus, den GT3 EVO2. Zum ersten Mal seit 1993 gewinnt damit 2024 wieder ein italienischer Fahrer mit einem italienischen Auto den DTM-Titel; Mirko Bortolotti sichert sich in Hockenheim zudem den Titel in der Fahrerwertung. Der Huracán GT3 EVO2 erweist sich in Lamborghinis vierter kompletter Saison in der DTM, der zweiten mit SSR Performance, mit insgesamt neun Siegen, neun Polepositions und 28 Podiumsplätzen als eines der erfolgreichsten Autos.

2023

ARENA LAMBORGHINI

Der 6. und 7. April 2024 werden in die Geschichte von Automobili Lamborghini eingehen. An diesen beiden Tagen fand im Autodrom von Imola die erste Ausgabe der Arena Lamborghini statt, um das Unternehmen aus Sant'Agata Bolognese zu feiern. Die Veranstaltung brachte die ganze Welt von Lamborghini an einem Ort zusammen, um die Leidenschaft und die Erfolge der Marke zu würdigen. Während der beiden Tage konnte man mit den Innovationen aus Sant'Agata inter-

agieren und sich bei der realen oder virtuellen Fahrt in den zahlreichen Modellen, die auf der Rennstrecke von Santerno vorgefahren waren, selbst testen oder mit Lamborghini-Partnern an den verschiedenen Ständen im Fahrerlager des Autodroms in Kontakt kommen. Mehr als 6000 Teilnehmer und 380 Fahrzeuge – Kunden, Fans, Markenliebhabern und Mitarbeitende konnten auf diese Weise die Lamborghini-Realität aus nächster Nähe erleben.

LAMBORGHINI SC63

DEBÜT BEIM 24-STUNDEN-RENNEN VON LE MANS

Der 2023 präsentierte SC63 ist der erste Hybrid-Prototyp der LMDh-Kategorie aus dem Hause Lamborghini. Der SC63 tritt mit seinem 3,8-Liter-Biturbo-V8-Motor, der speziell für dieses Fahrzeug entwickelt wurde, in der Hypercar-Klasse der FIA World Endurance Championship an, inklusive der 24 Stunden von Le Mans, sowie in der GTP-Klasse der IMSA WeatherTech SportsCar Championship, zu dem Klassiker wie die 24 Stunden von Daytona und die 12 Stunden von Sebring gehören. Der Antrieb ist in einer „Cold V"-Konfiguration konstruiert: Die Turbos sind außerhalb der Zylinderbänke montiert und somit leichter zu kühlen. Die Cold-V-Konfiguration reduziert das Gewicht und ermöglicht es, den Schwerpunkt des Fahrzeugs abzusenken – die effektivste Lösung, um eine optimale Reifenhaftung, das beste Handling und eine konstante Geschwindigkeit zu erreichen. Die Leistung des Verbrennungsmotors und des für Fahrzeuge der LMDh-Klasse serienmäßigen Hybridsystems ist durch das Reglement auf 680 PS begrenzt. Das Antriebsaggregat wird von einem elektronischen Bosch-Steuergerät verwaltet. Die Karosserie wurde vom Aerodynamik-Team der Squadra Corse in Zusammenarbeit mit Centro Stile entworfen und weist unverwechselbare, moderne Lamborghini-Design-Elemente auf, zum Beispiel die Y-förmigen Leuchten vorn und hinten.

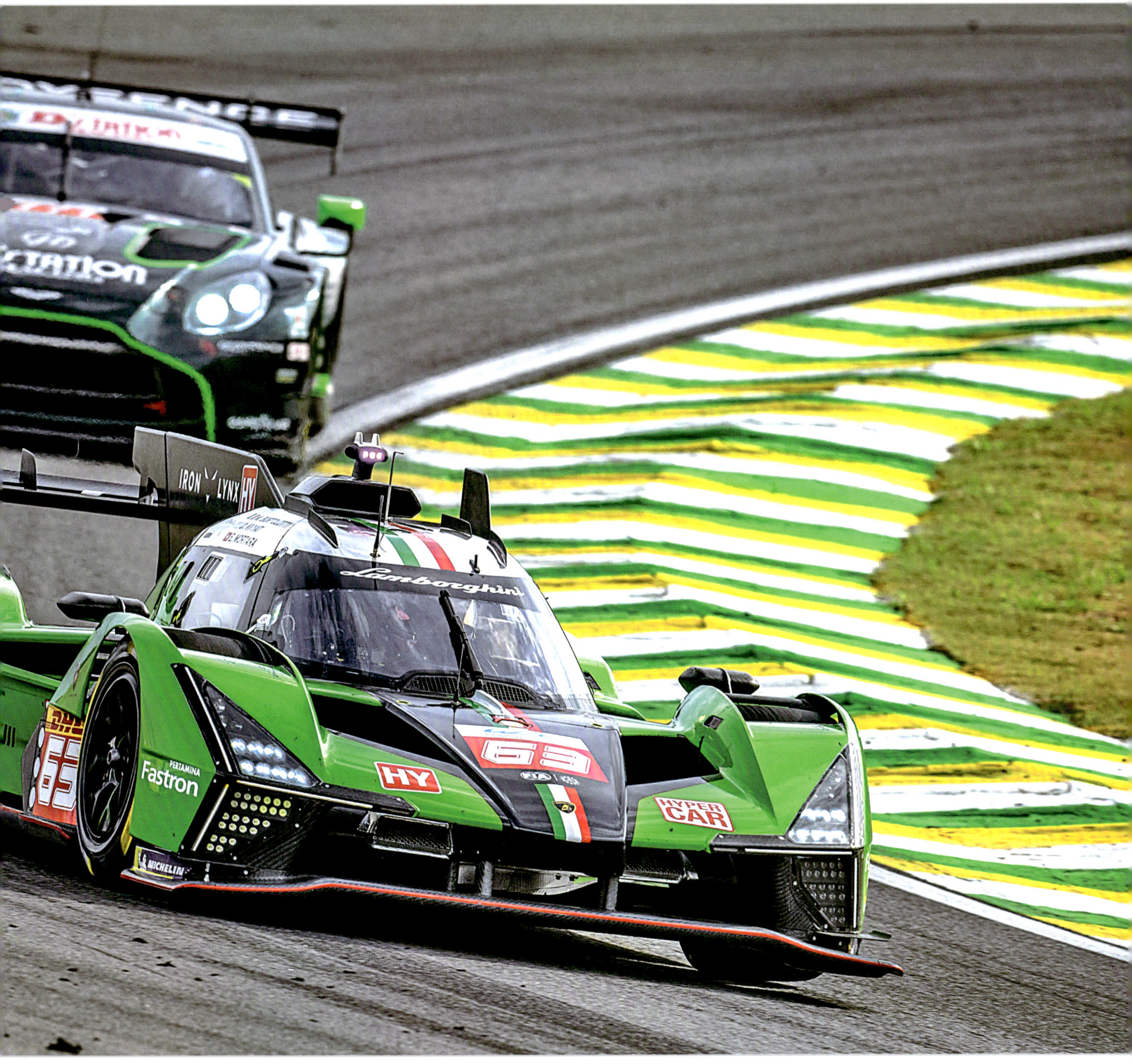
IRON LYNX
HY
Lamborghini
PERTAMINA
Fastron
HY
HYPER CAR
MICHELIN

2024

HURACÁN STJ

„THE LAST DANCE“

Mit dem in nur 10 Exemplaren produzierten Huracán STJ nimmt Lamborghini Abschied vom Supersportwagen mit V10-Saugmotor. Der STJ wurde auf der Basis des Huracán STO erstellt, wobei das Akronym für „Super Trofeo Jota" steht – Super Trofeo als Hommage an die 2009 ins Leben gerufene Markenmeisterschaft von Lamborghini und Jota für den Anhang J des FIA-Reglements, in dem die Spezifikationen für Wettbewerbsfahrzeuge festgelegt sind, aber auch als Anklang an eine lange Tradition von Lamborghini-Rennmodellen wie dem Miura SVJ oder dem Aventador SVJ. Ein spezielles Aerodynamik-Kit wurde von den Ingenieuren der Squadra Corse entwickelt. Die raffinierte Aerodynamik des STO wurde dabei durch zwei neue aerodynamische Flicks aus Carbon auf der Motorhaube weiter verbessert. Wie der STO verfügt auch der Huracán STJ über das Siebengang-Doppelkupplungsgetriebe LDF (Lamborghini Doppia Frizione), das die Kraft ausschließlich an die Hinterräder leitet, und erbringt eine maximale Leistung von 640 PS bei 8000 U/min und ein Drehmoment von 565 Nm bei gleicher Drehzahl.

Lamborghini
STJ

URUS SE
PLUG-IN HYBRID

Lamborghini Anima
Strada
Sport
Corsa
Sabbia
Terra
AUTO
AUTO
START

2024

Neues Design, 800 Pferdestärken, mehr als 60 Kilometer elektrische Reichweite, eine starke Performance und eine Höchstgeschwindigkeit von 312 km/h. Der Lamborghini Urus SE ist der erste Super-SUV in PHEV-Version (Plug-in Hybrid Electric Vehicle). Der Vierliter-Biturbo-V8-Motor wurde so überarbeitet, dass er in perfekter Synergie mit dem elektrischen Antriebsstrang und der 25,9-kWh-Lithium-Ionen-Batterie arbeitet, die sich unter dem Kofferraumboden befindet. Der Permanentmagnet-Synchron-Elektromotor, der dem neuen Achtgang-Automatikgetriebe vorgeschaltet ist, unterstützt den V8-Verbrennungsmotor, dient aber auch als Traktionselement. Der neue elektronisch gesteuerte zentrale Drehmomentverteiler mit elektromagnetischer Lamellenkupplung gibt sein Debüt im

Urus SE: Zentral platziert, verteilt er das Antriebsmoment variabel und stufenlos zwischen Vorder- und Hinterachse. Der Verteiler arbeitet in Synergie mit dem elektronisch gesteuerten Sperrdifferenzial an der Hinterachse, das den Wagen bei Bedarf übersteuern lässt und so das Gefühl eines reinrassigen Supersportwagens vermittelt. Die Gestaltung des Fahrgastraums unterstreicht das für die Lamborghini-DNA typische „Feel like a pilot"-Design, im vorderen Bereich des Armaturenbretts finden sich neue Lösungen, die das Gefühl der Leichtigkeit betonen, wie bereits beim Revuelto. In der Mitte wurde ein größerer Bildschirm (12,3 Zoll) mit einer neuen Mensch-Maschine-Schnittstelle (HMI) installiert.

CARBONFIBER
COFANO:
CARBON FIBER
LAMBORGHINI URUS PERFORMA
* BOLD SPORTINES
* AERODYNAMIC
* LIGHTWEIGHT CO

DOWNFORCE
CIENCY
ENTS
BORKERT
SANT'AGATA BOLOGNESE '2022

LAMBORGHINI V8-DOPPELTURBO-HYBRID

EIN NEUER MOTOR

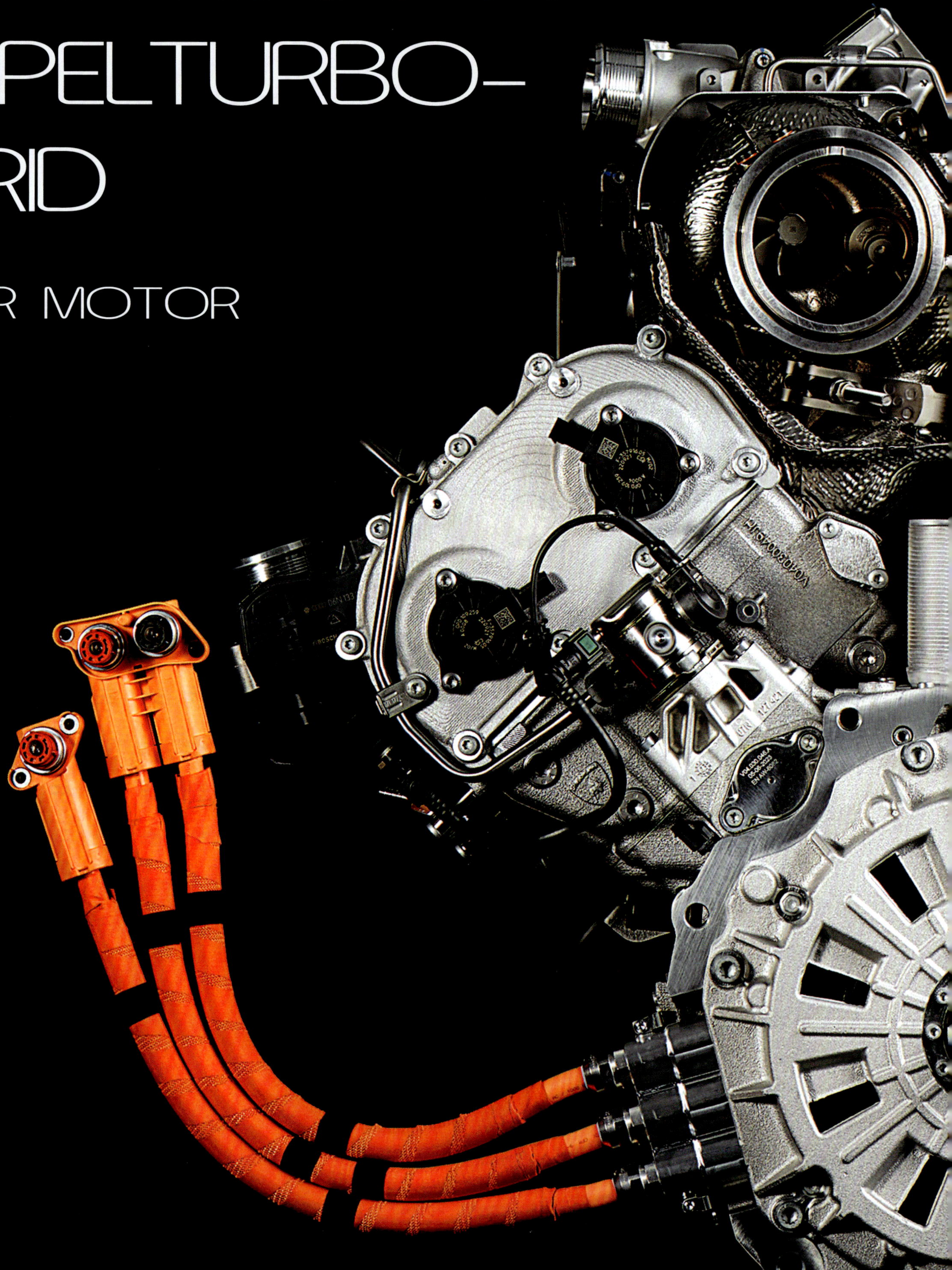

Dieser Motor wurde in Sant'Agata Bolognese mit dem Ziel entwickelt, die Huracán-Baureihe in Leistung und Fahrgefühl noch zu übertreffen. Er kombiniert die gleichmäßige Beschleunigung, für die der Lamborghini V10 berühmt ist, mit der großen Leistungsfähigkeit und dem spezifischen Drehmoment eines Turbomotors der neuen Generation. Der V8-Doppelturbo-Motor hat einen Hubraum von 4,0 Litern und eine spezifische Leistung von 200 PS/Liter; die maximale Leistung des Verbrennungsmotors beträgt 800 PS bei einer Höchstdrehzahl von 10.000 U/min. Das elektrische System des neuen V8 erbringt zusätzliche 120 PS und befindet sich im Heck zwischen Verbrennungsmotor und Doppelkupplungsgetriebe. Es umfasst sowohl den Wechselrichter als auch den elektrischen Axialflussmotor.

2024

50
countach

ROUVEN MOHR: DIE GEBURT DES NEUEN V8

Rouven Mohr wurde 1979 in Saarbrücken geboren. Nach einem Ingenieurstudium an der Technischen Universität Kaiserslautern und einer Promotion in Numerischer Mechanik kam er 2008 als Testing Engineer for Chassis Durability zu Audi und übernahm dort zunehmend Verantwortung, bis er 2014 zum Head of Project Management Whole Vehicle für die Audi-Modelle A3, TT, Q7 und Q8 ernannt wurde. 2017 wechselte er zu Lamborghini, wo er zwei Jahre lang als Head of Whole Vehicle Development die Entwicklung der Modelle Aventador, Huracán und Urus betreute, bevor er als Head of Energy and Weight Management zu Audi zurückkehrte. 2020 folgte schließlich die Ernennung zum Head of Verification/Validation Whole Vehicle und die Rückkehr zu Lamborghini als Head of R&D (Forschung und Entwicklung).

Wie kam es zum Doppelturbo-Hybrid-V8 für den Temerario?

Wir wollten einen innovativen Hochleistungs-Sportmotor entwickeln, der das Beste aus zwei Welten vereint: die des Verbrennungsmotors mit einem V8-Doppelturbo und die der Elektrifizierung mittels dreier Elektromotoren, um eine unverzögerte Beschleunigung, optimale Drehmomentverteilung und effektive Energierückgewinnung zu erreichen. Der Temerario ist wirklich außergewöhnlich sowohl im Hinblick auf die technischen Lösungen als auch auf die Leistung.

Was ist in Zeiten von Energie- und Technologiewende die komplexeste Herausforderung für einen Chief Technical Officer bei Lamborghini?

Die Hybridtechnologie ist eine Chance, die die Supersportwagen in eine neue Phase der Dynamik und des Fahrerlebnisses führt. In dieser neuen Ära für Supersportwagen definieren wir Sportlichkeit, Spaß und Fahrdynamik auf nachhaltige Weise neu. Unsere DNA bleibt; mit dem Ziel, das Erlebnis „Feel like a pilot" auf ein neues Level zu heben, konzentriert sich die Forschungs- und Entwicklungsabteilung auf diese neuen Perspektiven, und zwar durch die kontinuierliche Weiterentwicklung von sechs Grundpfeilern, um die Herausforderungen, die Elektroautos darstellen, bestmöglich zu meistern: eine Mensch-Maschine-Schnittstelle bei „vielseitigen" Modellen wie dem Urus, die Verwendung von Carbon zur Verringerung des Gesamtgewichts, ein elektrischer Antriebsstrang, ein fortschrittliches Fahrwerk, eine intelligente Aerodynamik und eine integrierte Steuerung, die ein Fahrerlebnis ähnlich dem auf der Rennstrecke bietet.

Der Lanzador kündigt das vierte Modell mit vollelektrischem Antrieb an. Wie wird der erste elektrisch angetriebene Lamborghini aussehen?

Lamborghini wird sich in Zukunft durch eine neue Strategie in Bezug auf alle aktiven Kontrollsysteme unterscheiden. Wir heben die Steuerung der Fahrdynamik auf ein völlig neues Niveau und bieten unseren Kunden ein absolut innovatives Erlebnis: Das richtige Gleichgewicht zwischen Kraft, Leistung, Reichweite und Aerodynamik zu finden, ist sicherlich eine der größten Herausforderungen dabei.

TEMERARIO

2024

DAS STECKT DRIN

Der im August 2024 auf der Monterey Car Week in Pebble Beach präsentierte Temerario soll den Erfolg des Huracán noch übertreffen. Der neue Hybrid-Antriebsstrang kombiniert einen neu entwickelten Biturbo-V8-Motor mit drei Elektromotoren und erbringt damit eine Gesamtleistung von 920 PS. Der Motor wurde in Sant'Agata Bolognese von Grund auf neu entwickelt und ist der einzige in der Kategorie der Serien-Supersportwagen, der 10.000 U/min erreicht. Der Temerario ist nach dem Revuelto das zweite Modell der HPEV-Baureihe (High Performance Electrified Vehicle) von Lamborghini und vervollständigt nach dem Marktdebüt des Urus SE die Elektrifizierung der Produktpalette. Das Chassis ist neu gestaltet, der

Wagen ist 4,71 Meter lang, 2 Meter breit, 1,20 Meter hoch und hat einen Radstand von 2,66 Metern. Der Temerario kann als erstes Modell mit dem optionalen Lamborghini-Vision-Unit-System ausgestattet werden, das dem Fahrer mittels dreier Kameras und einem speziellen Steuergerät für die Funktionen Telemetrie 2.0, Memories Recorder und Dashcam ein echtes Piloten-Gefühl vermittelt; hinzu kommt ein 9,1-Zoll-Display vor dem Beifahrer. Der Temerario ist der erste Lamborghini, für den ab sofort das Alleggerita-Leichtbaupaket angeboten wird, das sich vor allem an diejenigen richtet, die den Wagen auf die Rennstrecke bringen wollen: Es reduziert das ursprüngliche Gewicht des Autos von 1690 kg um 25 kg.

Lamborghini
TEMERARIO

Wenn Sie den QR-Code mit der Kamera Ihres Smartphones scannen, können Sie dank einer speziell für dieses Buch entwickelten Onboard-Kamera in den Lamborghini Temerario „einsteigen". Drehen Sie die Lautstärke auf und lauschen Sie dem Klang des 4,0-Liter-Biturbo-V8-Motors, der zusammen mit den drei Elektromotoren mit je 150 PS insgesamt 920 PS erbringt, die eine Höchstgeschwindigkeit von 343 km/h ermöglichen und das Fahrzeug in nur 2,7 Sekunden von 0 auf 100 km/h beschleunigen.

DER AUTOR

Simonluca Pini wurde 1982 in Bologna geboren, im Herzen des „Motor Valley". Von Kindesbeinen an hegte er eine große Leidenschaft für Autos, die er nach seinem Studium zum Beruf machte. Er arbeitete für verschiedene Zeitungen, bis er 2016 zu *Sole 24 Ore* kam, Italiens wichtigster Wirtschaftszeitung. In den knapp 10 Jahren der Zusammenarbeit nahm er an mehr als 500 Produktpräsentationen teil und ist auf der ganzen Welt Autos aller Art gefahren, von Prototypen bis hin zu Rennwagen. Außerdem hat er die wichtigsten Produktionsstätten, Design-Schmieden sowie Forschungs- und Entwicklungsabteilungen besucht. Als freier Journalist schreibt er nicht nur für die „Auto-Seiten", sondern arbeitet auch für Finanz- und Wirtschaftsredaktionen, für die er vertiefende Artikel zu Themen rund um die Mobilität und die wichtigsten Akteure der Automobilwelt verfasst.

BILDNACHWEIS

Alle in diesem Buch verwendeten Abbildungen wurden von Automobili Lamborghini S.p.A. zur Verfügung gestellt.

AUTOMOBILI
LAMBORGHINI

PLANUNG UND REDAKTIONELLE LEITUNG
CONSULTING D&D / VALERIA MANFERTO DE FABIANIS

REDAKTIONELLE KOORDINATION
GIORGIO FERRERO

GRAFISCHE GESTALTUNG
MARIA CUCCHI

WS White Star Verlag® ist eine eingetragene Marke von White Star S.r.l.

Piazzale Luigi Cadorna, 6 - 20123 Mailand, Italien
www.whitestar.it

Übersetzung: Daniela Papenberg und Birgit Ulmer
Produktion und Redaktion Deutschland: Dr. Rainer Schöttle Verlagsservice
Lektorat: Beate Bücheleres-Rieppel

ISBN 978-88-6312-738-6
1 2 3 4 5 6 29 28 27 26 25

Gedruckt in China

Grafischer Entwurf des Umschlags: Chiara Rizzolo